張瑞棋 著　顏寧儀 繪

蕭克利與八叛徒

掀起晶片革命的天才怪咖

Chapter 04

第四章 獨裁暴君

Chapter 05

第五章 原點

結語與附錄

作者的話

現代人幾乎每天都會用到手機或電腦，相信你也是吧？我還可以確定你的手機要不是蘋果電腦的 iPhone，就是用 Google 作業系統的 Android 手機；而電腦除非是蘋果的 Mac，所用的處理器絕對來自 Intel、AMD 或 Nvidia。我也敢說你應該有在用臉書、Instagram 或 Twitter，也會看 YouTube 上的影片。

其實其他有在用手機或電腦的人也都一樣，全世界有幾十億人都在用這些產品與服務。而這幾家公司有個共同點：它們都是來自矽谷。

矽谷指的是位在美國舊金山南部，從帕羅奧圖到聖荷西市，一個長約四十公里的谷地。數以千計的科技公司聚集在這裡，除了這些大家耳熟能詳的公司，還有許多重要的企業你可能沒聽過，卻也扮演著不可或缺的關鍵角色，例如：晶片設計公司、網路設備商、半導體設備商等。數十年來，改變人們生活的科技產品與服務幾乎都是誕生於矽谷，包括引領電動車潮流的特斯拉也在這裡。

為什麼這麼多推動現代文明的科技公司都在矽谷這小小的地方？這一切是怎麼開始的？

其實矽谷這區域在 1950 年代以前仍是不毛之地，就連位於此處的史丹福大學都還不是美國頂尖大學，成績優異的理工科學生若要繼續念研究所，大多遠赴美國東岸的哈佛、普林斯頓、麻省理工學院等名校。除了因為東岸才是美國的學術中心，同時大型企業與科技公司也都在東岸，比起西岸的加州有更好的就業機會。然而不過才一、二十年的時間，形勢就扭轉了。1970 年代，因為許多矽晶片相關的科技新創公司都聚集在這裡，才有了矽谷這個稱號。

這個巨大的改變是怎麼產生的？溯及源頭，有幾個人扮演了關鍵角色，其中又以諾貝爾物理獎得主蕭克利與他底下的八名員工最為重要。不過別以為矽谷的誕生是他們齊心協力的結果；相反的，是他們反目成仇，八名員工集體離職創業，才開枝散葉，促成矽谷諸多科技公司的誕生。因此，這本書主要講的就是蕭克利與「八叛徒」的故事。

說是故事，裡面寫的可都完全忠於史實喔；雖然為了讓人物更鮮明，他們之間的對話是我自己摹擬的，但那些情境真的都曾發生。此外，我也順便介紹半導體、電晶體、積體電路等技術原理，希望你看完這本書，除了知道矽谷的起源，也學到半導體的相關知識。畢竟半導體是現代科技的基石，就算你沒投身科技業，生活也與它息息相關，所以花點時間了解一下，絕對是值得的。

第一章
電晶體的誕生

Chapter 01

[redacted] discovered principle involving a semi-conductor as the basic elemen [redacted] ployed as an amplifier, oscillator, and for other purposes for which va [redacted] sed. The device consists of three electrodes placed on a block of germ [redacted] ally in Fig. 1. Two, called the emitter and collector, are of the point-contact rectifier type and are placed in close proximity (separation ~.005 to .025 cm) o [redacted] area low resistance contact on the base.

John Bardeen and Walter Brattain, "The Transistor, a Semi-Conductor Triode," Physical Review [redacted]

關鍵人物
蕭克利

file 1-1

1945 年初，美國紐約市西邊 40 公里處，位於紐澤西州的穆瑞山丘有棟才落成沒幾年的大型建築物。這棟三、四層樓高、工字型的磚造房子座落在綠色草地上，周遭綠樹成蔭，乍看之下，還以為是大學校園。但偶而可見到穿著軍服的人進出，可以知道這裡肯定不是個普通地方。

其實這棟磚造房子是貝爾實驗室的總部。貝爾實驗室是美國最大的電信公司 AT&T 所設立的研發機構，原本位於紐約市區，但隨著人員的擴編，原來的辦公室不敷使用，於是在這郊區蓋了新總部。不料 1941 年才剛蓋好沒多久，日本就偷襲夏威夷的珍珠港，迫使美國加入第二次世界大戰，並且動員全國之力對抗德國、日本、義大利等軸心國。

位於紐澤西州穆瑞山丘的貝爾實驗室大門入口。

因此，貝爾實驗室裡原本進行中的計劃只能暫時擱置，改成優先進行軍方委託的國防專案，例如：彈道分析、雷達系統與射控系統設計建置。實驗室也不負軍方期望，如期完成各項任務，實驗室主任馬文 · 凱利（Mervin Kelly）也因為領導有功，而被拔擢為副總裁。

剛過半百的凱利回想起當年在芝加哥大學攻讀博士時，曾跟隨諾貝爾獎得主羅伯特 · 密立根（Robert Millikan）做光電效應的實驗，深刻體會到基礎研究的重要性。因此，他雖然很高興收到政府資助的巨額經費，讓實驗室可以聘用更多人才、提升研發實力；但另外一方面也憂心，原本實驗室裡許多長期研究計劃因為負責的學者被軍方徵召而停擺。尤其有項他最重視的祕密計劃，不僅關係著公司的未來，也有著改變整個科技產業的潛力。無奈計劃裡最關鍵的威廉 · 蕭克利（William Shockley）博士也被徵召走，不知道什麼時候歸隊，令他心急如焚。

擁有識人之明的貝爾實驗室副總裁凱利，深知蕭克利對於實驗室未來的重要性。

正巧這天五角大廈的一位上校要過來開會，凱利打算趁機探聽消息。這位上校和凱利寒暄幾句後，便直接表明今天來的主要用意——軍方的雷達系統急需改進。

凱利聽了有點訝異，問說：「我知道雷達還有不小的改善空間。不過我想先確認一下，聽說德軍現在被我們打得節節敗退，應該撐不了多久吧。」

上校猶豫了一下，點點頭。

「我會這麼問是因為雷達是用在預警敵機，既然德軍都已經無法反擊了，不可能再威脅我們，那現在還有必要急著投入人力改善雷達嗎？我的意思是，或許有其他項目更應該優先處理？」

「歐洲戰場確實是勝利在望，不過日本在亞洲戰場還在頑強抵抗。你知道他們有所謂的『神風特攻隊』，一架架飛機朝我們艦隊自殺攻擊。該死！」上校氣憤到忍不住捶了桌面。

他接著說：「博士，你們打造的雷達可以偵測到一群敵機或一艘軍艦，這的確幫了很大的忙，國家很感謝你們。但雷達靈敏度卻不足以偵測一架敵機飛過來，所以你們必須盡快將雷達升級到可以偵測更小的目標，免得這些瘋狂的日本人造成更多弟兄死傷。」

「明白了。只是要偵測到更小的目標，就需要波長更短、頻率更高的無線電波。而真空管已經無法再產生更高頻率的電波，要進一步提升雷達的辨識能力恐怕無法辦到。」

「什麼意思？你是說你們已經沒輒了？」

「是的，除非……」凱利故意停頓下來賣個關子。

「除非怎樣？」

「除非用『固態元件』取代真空管，就有機會產生頻率更短的電波。」

「那就去做啊！無論需要多少經費，我一定幫你們爭取到底。」

「不是錢的問題。不瞞你說，當初我們母公司 AT&T 要拓展國際越洋電話服務時，就遇到真空管的極限問題，所以我 1936 年剛接主任時，就已經啟動這項固態元件研究計劃，只是戰爭爆發……」

「等等，我們 1941 年才參戰，所以你們花了五年時間還沒搞出來？」

「這沒你想像那麼簡單。你得找到導電性比絕緣體好一些，但又不能像金屬那麼容易導電的物質，也就是適合的『半導體』，才能作為電路開關；而且它還要像真空管那樣有整流與放大訊號的功能。這背後的原理涉及量子物理，懂的人沒幾個。」

「好了，停。科學的事我不懂，博士你說重點。」

凱利扶了鼻梁上的眼鏡，正色道：「我特地找來的蕭克利博士就是這方面的專家。他研究了幾年，好不容易鎖定幾種具有潛力的半導體，但偏偏被徵召去海軍幫忙。所以我才想請上校幫個忙，反正現在戰情已經穩定了，是不是可以讓蕭克利早點回來，這樣也才能早日開發出你想要的雷達。」

「蕭克利？好耳熟的名字。我想起來了，不久前戰爭部長才在我們面前大力稱讚他，還說有許多其他重大任務要交給他。」

「這樣啊，看來還是只能等到戰爭結束了。」凱利難掩失望。

「呃……」上校遲疑了一下才說：「不怕你知道，我們現在擔心的倒不是納粹和日軍，而是現在和我們結盟的蘇聯。這頭北極熊的野心不小，所以即使戰爭打完，交給蕭克利的任務恐怕也不會就此結束。」

「這怎麼行，半導體元件這個計劃非他不可啊！」

上校聳聳肩：「這我就愛莫能助了，我的官階可沒那麼大。倒是你們老闆不是國防研究委員會的一員嗎？請他出面和部長說一聲或許還有用些。」

上校這麼一說，可是一語驚醒夢中人。凱利送他離開後，立刻去找總裁。

「老闆，還記得我跟你提過用半導體元件取代真空管的計劃嗎？」

「當然記得。怎麼了？」

「負責的蕭克利博士不是被軍方徵召嗎，然後聽說戰爭結束後還要繼續重用他。沒有他，這個計劃恐怕就要胎死腹中，要麻煩你出面關切一下。」

「非他不可嗎？我們實驗室那麼多工程師都不行？」

「還真的非他不可。實驗室沒有其他人懂量子力學，若要再去外面找人重新開始，豈不是白白浪費蕭克利累積了五年的研究基礎？還是找他回來才事半功倍。」

「原來如此。不過政府一定認為國防大事比較重要，我要怎麼說服他們？畢竟我們的計劃也只是關係到國際電話何時普及而已。」

「不，受影響的不僅僅是我們公司。剛剛五角大廈的人過來開會，表示急需更精準的雷達。但這沒有半導體元件根本做不出來。」

「哦，雷達也會用到？」

「不只雷達。我聽說陸軍與海軍各自都在開發電腦，但用的元件不是真空管，就是電磁閥。你也知道，真空管不但又大又耗電、而且沒用多久就壞。電磁閥更不用說，運作速度非常慢。但是改用半導體元件打造電腦的話，不但速度快上百倍又不容易壞，體積和重量也可以大幅減少。」

「這個好，總統的國防科技首席顧問相當重視電腦的發展，下次開會我再特別跟他提。只不過，你確定蕭克利本人也有意願回來嗎？」

「有啦，他有跟我約定好，不會中途跑掉的。」

其實凱利並沒有絕對的把握。畢竟蕭克利現在是代表美國與各國的高官將領開會，做的又都是立竿見影，馬上可以看見成效、成就感滿滿的「國家大事」。相較之下，實驗室裡的研究開發，不但孤獨冷清，也不知何時才有成果……

凱利搖搖頭甩掉悲觀的想法，腦中浮現當年剛取得麻省理工學院博士學位、才 26 歲的蕭克利，在聽到自己描繪半導體將如何改變科技產品、影響人類生活的願景時，雙眼露出的閃亮目光。

凱利只希望他仍沒忘記最初的夢想。

ENIAC 是當時由美國陸軍所投資研發的電腦，用來計算火力表與彈道。電腦體積巨大，足足有 27 公噸重（上圖）。電腦內部布滿了密密麻麻的真空管，一共有 17468 個（下左圖）。真空管因為耗電、散發高熱、故障率高、體積又大，所以成為電腦一直無法縮小體積的阻礙（下右圖）。

真空管的前世今生

當真空管被半導體晶片取代後，電腦已不像當年的ENIAC一樣巨大。有趣的是，真空管並未消失在歷史中，反而被使用在現代音響上，展現出溫暖的聲音與柔光。取代著原先計算飛彈彈道的冷酷用途。

知識＋ Knowledge＋

真空管的原理與用途

真空管是約翰 · 弗萊明（John A. Fleming）於 1904 年所發明。其原理是真空管內部燈絲加熱後會產生游離電子，電子被吸引到正極金屬板，因而產生電流。如果電壓不足以產生游離電子，真空管就不會過電，因此可以作為電路開關。由於電子只能從負極到正極，交流電經過真空管會變成單向的直流電，這稱為整流作用。

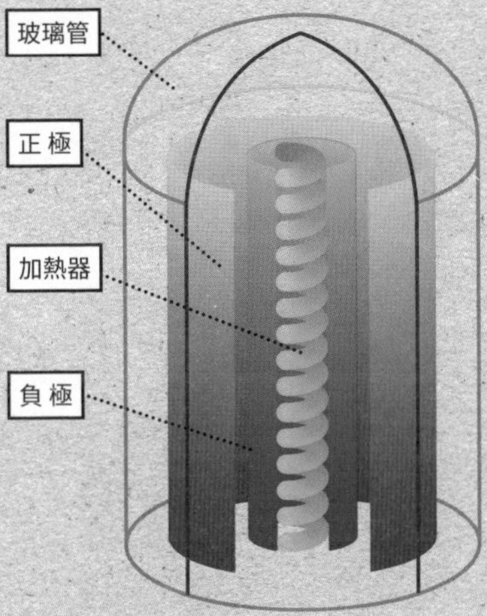

約翰 · 弗萊明與所發明的真空管（二極管）基本構造。

後來德佛瑞斯特（Lee De Forest）於 1906 年在負極與正極金屬板之間多加了金屬網作為柵極，變成三極管。當柵極接上負電壓，就會因為同性相斥而擋下部分電子，使得抵達正極的電子變少。調整柵極的負電壓，正極的電流大小也就跟著改變；而且柵極的電壓只要改變一點點，造成電流改變的幅度可達數百倍。利用這個特性，從柵極輸入電波訊號，結果從正極輸出的訊號強度就會放大好幾百倍，因此三極管除了開關與整流，還多了放大訊號的功能。

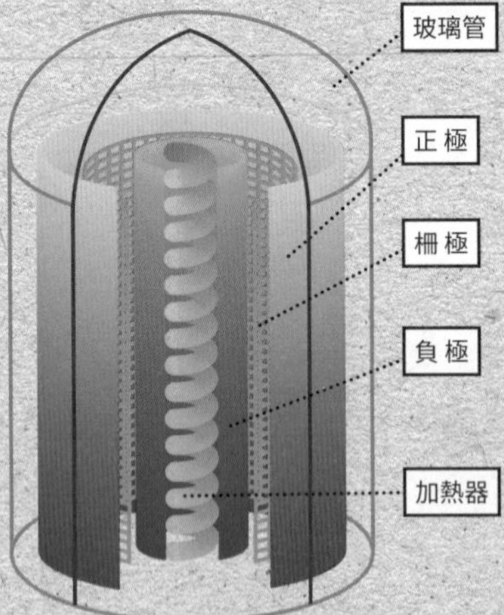

德佛瑞斯特與所發明的三極管基本構造。

在 20 世紀中期前，半導體還沒有普及，當時所有的電子器材都會使用到真空管，像是無線電波訊號會因為距離增加而衰減，必須利用三極管增強訊號，遠方才能接收到清晰的訊號，因此除了雷達，三極管也用於收音機與電視機。AT&T 也是利用三極管以接力的方式傳遞聲音訊號，建構了遍布美國的電話網，提供長途電話服務。然而真空管無法裝進海底電纜，用無線電波又有高頻極限的問題，所以才需要固態元件來提供越洋電話服務。

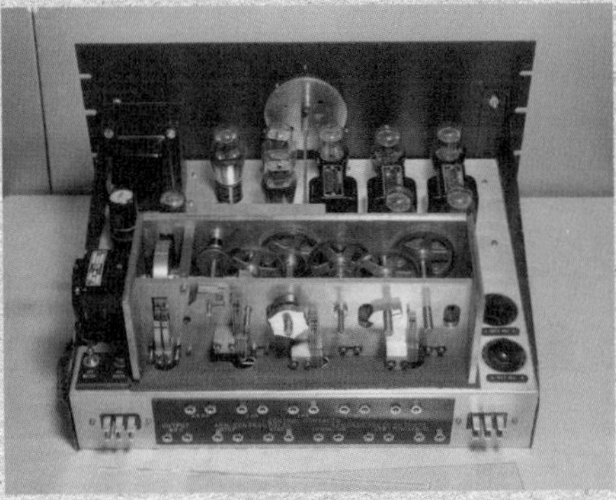

真空管顧名思義是將電極封裝在一個真空的玻璃容器中（上圖）。當時所有電子器材都需要真空管，像是無線電訊號產生器（下圖）。

大腦與雙手的絕佳組合

file_1-2

「只要你想的出來，任何東西他都可以用封蠟和迴紋針組好，而且還真的可以運作。」貝爾實驗室的同事如此形容華特 · 布拉頓（Walter Brattain）的功力；這裡所指的可不是一般的東西，而是各式電子元件。是的，布拉頓就是有這樣的巧思與巧手，所以當貝爾實驗室裡的理論專家有新的想法，需要有人操作實驗加以驗證時，最先想到的人就是布拉頓。這也是為什麼當年凱利招募蕭克利時，就已想好要指派布拉頓和他合作。

雖然凱利將蕭克利和布拉頓比喻為大腦與雙手，但布拉頓可不是一位只會動手的技術人員或實驗助手。他在 1929 年拿到博士學位後，就隨即加入貝爾實驗室研究半導體。

在貝爾實驗室擁有無人能及的巧思與巧手——布拉頓，被指派擔任蕭克利的搭擋。

當時科學家已經知道銅的表面氧化後，電子只能從銅的內部往表面的氧化銅移動；但無法反過來，從氧化銅往銅移動，也就是具有單向導電性。布拉頓所做的研究便是如何利用氧化銅製造出具有整流作用的固態二極體，來取代二極真空管。

那麼，氧化銅也能用來製造放大訊號的三極體，取代三極真空管嗎？布拉頓試了許多方法都無法成功，到最後他不得不承認以自己所學，已經無計可施，只能期待量子理論能指出新的方向。在他攻讀博士那幾年，量子力學才剛萌芽，對於導電的背後機制還沒有定論，所以當他得知蕭克利要加入貝爾實驗室時，滿心期待這位量子力學專家，帶來的最新知識能夠讓實驗有所突破，找到放大電流的方法。

結果蕭克利不僅帶來新知識，還在公司內部辦起讀書會，讓對量子力學有興趣的同事一起進修。許多比布拉頓資深的同事初次接觸量子力學，都覺得不可思議。例如：光不僅是電磁波，同時也是一種粒子，稱為「光子」；而電子向來都是實實在在的粒子，卻也是一種波，稱為「物質波」。而且根據「機率波」的理論，電子並不是像行星那樣，在固定軌道上繞著原子核轉，而是可能出現在任何地方，只是出現的機率有多少而已，因此現在已經改用電子雲模型取代行星軌道模型。

儘管了解這些理論並無法立刻想出三極體的解決方案，但布拉頓仍對小自己八歲的蕭克利心悅臣服。不只是因為他在量子力學上的造詣，更是他的確絕頂聰明，可以在很短時間內洞察問題的核心；像是蕭克利之前雖然沒有實務經驗，卻能立刻了解布拉頓這幾年所做的研究。

真要說蕭克利有什麼可以挑剔之處，就是他自視甚高，相當固執己見，不過這似乎是天才的特點，所以布拉頓也不是很在意。舉個例子，蕭克利有次要布拉頓設法在氧化銅與銅的接面處插入柵極，認為這樣做可以放大電流；布拉頓說這個方法之前就試過了，行不通的。但蕭克利仍堅持要他按照自己的構想再做一次，布拉頓也毫無怨言的配合。當然再試的結果還是沒有用。

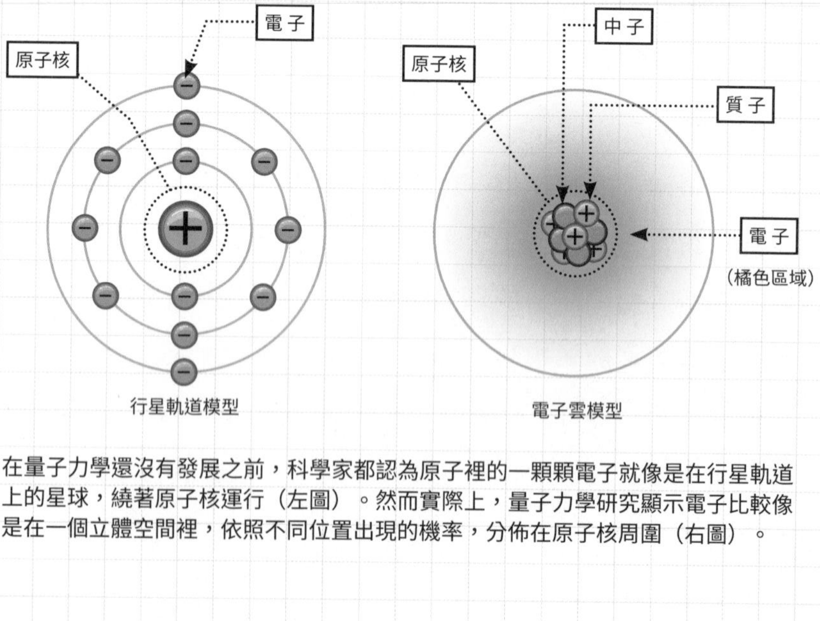

在量子力學還沒有發展之前，科學家都認為原子裡的一顆顆電子就像是在行星軌道上的星球，繞著原子核運行（左圖）。然而實際上，量子力學研究顯示電子比較像是在一個立體空間裡，依照不同位置出現的機率，分佈在原子核周圍（右圖）。

他們的研究因為第二次世界大戰爆發而暫時中止，兩人也被軍方徵召而離開工作崗位。如今大戰結束，布拉頓回到貝爾實驗室，發現自己被分到新成立的固態元件研發部門，主管由蕭克利與另一位資深員工共同擔任。布拉頓自然樂見實驗室由蕭克利領軍，只是納悶為何一個部門有兩個主管，原來蕭克利還身兼軍方的顧問，不會每天進辦公室。

一向直來直往的布拉頓忍不住找蕭克利當面問道：「你幹嘛還當什麼軍方顧問？是被政府強迫或是你自願的？」

蕭克利笑了笑：「現在又不是戰時，怎麼可能被政府強迫。」

「那我就不懂了。開發出劃時代的半導體元件，不是我們的目標嗎？軍方有什麼事比這重要，需要你把時間花在那上面。」

蕭克利收起笑容，嚴肅回說：「我為軍方做的事是機密，不能對外透露。至於重不重要，這麼說吧，你覺得國家安全與世界和平重不重要？」

「如你所說，現在又不是戰時，有什麼危急到非你不可？科學研究才是我們的正事，不是嗎？」

「布拉頓，我不想也沒必要跟你解釋。至於你說的正事，放心，不會因此耽誤的。事實上，今年 4 月我已經想出一個新的三極體方案，這次應該會成功。」

「你在戰時一邊當軍方顧問，還不忘一邊思考三極體的事？快，說來聽聽。」

「還記得你說過之前曾看過一位同事神奇的演示嗎？」

布拉頓當然忘不了，那是日本偷襲珍珠港的前一年。有一天他接到主任凱利的電話，要他放下手邊工作馬上過來。當他走進主任辦公室時，除了凱利，還有另一個部門的工程師羅素 · 歐偉（Russell Ohl）。

歐偉拿著手電筒，臉上掛著神祕的微笑。凱利告訴布拉頓桌上有顆彈珠大的黑石頭是歐偉帶來的純矽，並且要他注意連接著矽石的電表。他滿臉狐疑，只見歐偉打開手電筒照射矽石，瞬時電表的指針竟然隨之一動，顯示數值落在電壓 0.5 V 之處。

布拉頓第一個念頭是他們故意開玩笑捉弄他，因為這實在太匪夷所思了。首先，光電效應不可能產生這麼高的電壓。其次，矽雖然也是具有單向導電性的半導體，但導電性極差，怎麼會光憑手電筒的光就能產生電流。更何況電壓還比他這幾年在氧化銅上所作的實驗，高出十倍之多！他趕緊問兩人這是怎麼一回事，但凱利和歐偉也不知道。

原來這塊矽石是歐偉部門的冶金工程師在純化矽時，所精煉出來的一塊純矽，是歐偉在檯燈下測量它的電阻時，才無意間發現這個特殊現象。不過精煉出那麼多塊純矽，單單唯有這塊如此異常，沒有人知道為什麼。

凱利叫布拉頓趕緊過來看的用意，當然是希望這塊純矽能對他們研發半導體元件有所幫助。不過當時納粹正往英國逼近，美國政府已要求貝爾實驗室優先完成軍方委託的項目，隨後布拉頓和蕭克利也被徵召，對於這塊矽的研究也就暫時擱置一旁了。

布拉頓沒料到蕭克利才剛回來，心中就已經有腹案，回道：「你是說那塊神奇的矽石？怎麼，你已經解出其中奧祕了嗎？」

「其實歐偉他們後來有進一步分析那塊矽石，發現它中間有條裂痕。很巧的是，裂痕兩邊各有不同的雜質，一邊含有少許的磷，而另一邊則是含有少許的硼。然後磷有 5 個價電子，硼有 3 個價電子，而矽的價電子是 4 個……」

布拉頓立刻接著說：「所以含有磷那一邊的矽有了多餘的價電子，吸收光線的能量後，便跑向缺少價電子那邊含有硼的矽。可是，這樣產生的電位差也沒道理那麼高啊。」

「是啊，這背後的機制我也還不清楚。不過我倒因此有了靈感，想出如何結合 n 型半導體與 p 型半導體，做出取代三極管的固態元件。」

「什麼 n 型、p 型？」

「喔，這是歐偉他們取的。摻了磷而有自由電子的矽晶體叫 n 型，n 是指 negative；摻雜硼而多了電洞的就是 p 型，代表 positive。」

布拉頓點點頭：「相當於電池的負極、正極。快，你的構想是什麼？」

蕭克利拿起粉筆，在黑板上畫出他構想的場效應電晶體：「你看，正常狀況下左右兩邊的 n 型矽因為中間有 p 型矽阻隔，電流過不去。但當金屬板施加正電壓時，p 型矽裡的電子被吸引上來，便形成一條連接兩端的電子通道，讓電流通過。」

布拉頓一點就通，興奮的搶過話：「電子通道的大小隨著電場強度而改變。這金屬板就相當於柵極，稍微調整電場強度便造成電流更大幅度的改變，也就達到了放大效果！蕭克利，你真是天才！」

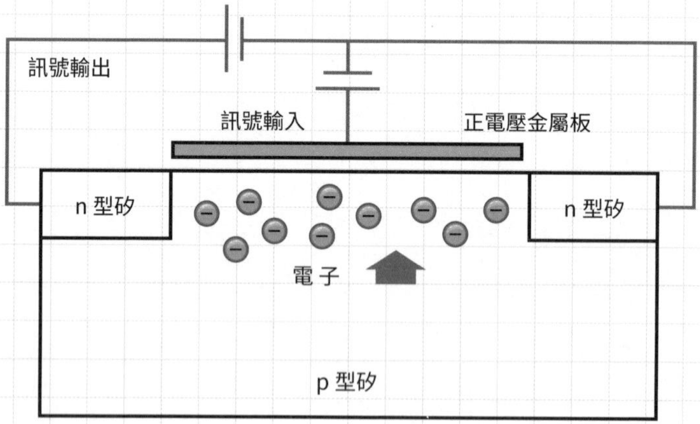

蕭克利的場效應電晶體示意圖。在蕭克利的想法中，只要當金屬板對 p 型矽提供正電壓時，被吸引上來的自由電子就會在 n 型矽之間形成電子通道，讓電流通過。

蕭克利微微一笑說：「再來就靠你把它打造出來了。」

「沒問題，這比研究氧化銅簡單多了。」布拉頓接著搔搔頭，不好意思說：「抱歉，剛剛還責怪你。」

蕭克利拍拍他肩膀，兩人走出會議室。

布拉頓原以為一個月內就能搞定，卻遲遲無法成功。不但想不出問題在哪裡，而且偏偏蕭克利又出差去了，連絡不到。他覺得這樣下去不是辦法，決定找副總裁凱利設法解決。

「老闆，你知道怎麼聯絡到蕭克利嗎？我現在實驗卡住了，根本不知道該怎麼做。」

「我也沒辦法，他為了國防的事飛去歐洲了。」

「那要等到什麼時候？唉，老闆你特地成立固態元件部門，但蕭克利這樣常常不在，實在很難做事。」

「沒辦法，這是當初為了爭取蕭克利回來上班，答應他的條件。」

「那我可不可以有個提議。我弟弟在普林斯頓大學的同學，也是專精量子力學與固態物理的物理博士。聽說他打算回明尼蘇達教書，可不可以把他爭取過來？」

「有高手加入當然好啊。他叫什麼名字？如果蕭克利來不及回來和他談，就由我親自出馬。」

「約翰・巴丁（John Bardeen）。相信我，你絕對不會失望的。」

Knowledge+

知識+ ——→ 半導體為什麼有特殊的導電性？

不同物質有不同的導電性，不會導電的物質稱為「絕緣體」，會導電的物質則稱為「導體」，像是金屬就是良好的導體；而所謂半導體就是導電性介於金屬和絕緣體之間的物體。導電性和「價電子」的數目有關，也就是原子最外層有多少電子。

就常見的元素而言，最外層最多容納 8 個電子，超過的話就再往外多一層。最外層越接近填滿狀態，價電子就越不容易脫離，也就越不容易導電；相對的，當價電子越少，就越容易成為自由電子。金屬的價電子通常不超過 3 個（過渡金屬除外），很容易形成自由電子，所以導電性很好；而絕緣體就是因為有 5 個以上的價電子。

至於碳、矽、鍺等 IV 族元素有 4 個價電子，本身也不太容易導電，但一旦摻雜了其他元素，使得價電子的數目改變後，導電性也就隨之改變，成為半導體。例如：正常狀況下，一塊純矽裡的每個矽原子會與周圍 4 個矽原子共用價電子，最外層價電子便處於填滿狀態，不會導電。

n 型半導體

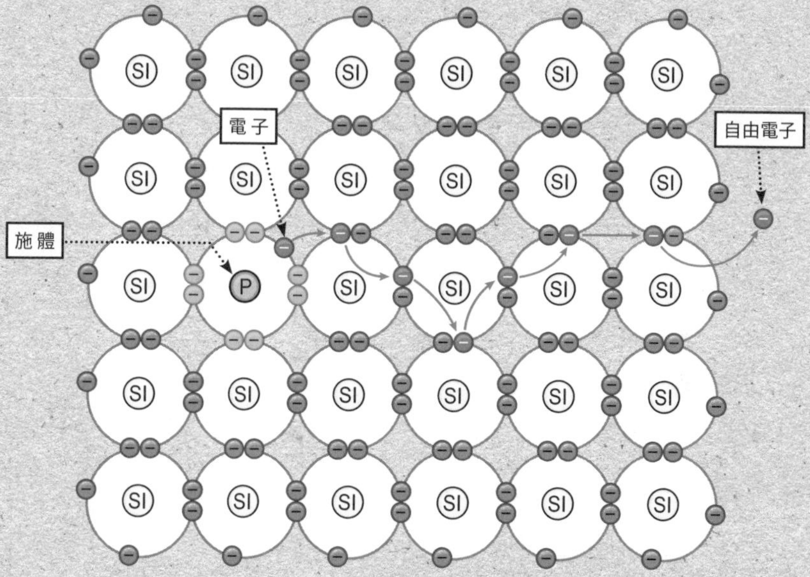

矽摻入磷後多了一個自由電子，形成 n 型半導體。

例如：正常狀況下，每個矽原子會與周圍 4 個矽原子共用價電子，最外殼層便處於填滿狀態，不會導電。但如果摻了磷，因為磷有 5 個價電子，其中 4 個價電子與矽原子共用後，還多一個就會成為自由電子；這種稱為 n 型半導體。而摻的如果是有 3 個價電子的硼，就還差一個價電子才是最穩定的狀態，猶如多了個「電洞」。電洞就像陷阱，會捕捉旁邊矽原子的電子，一旦電子掉進這個電洞後，原來的電洞消失，但失去電子的矽原子又形成一個新的電洞。如此接連不斷造成骨牌效應，看起來就好像帶正電的電洞會移動一樣；這種就稱為「p 型半導體」。

p 型半導體

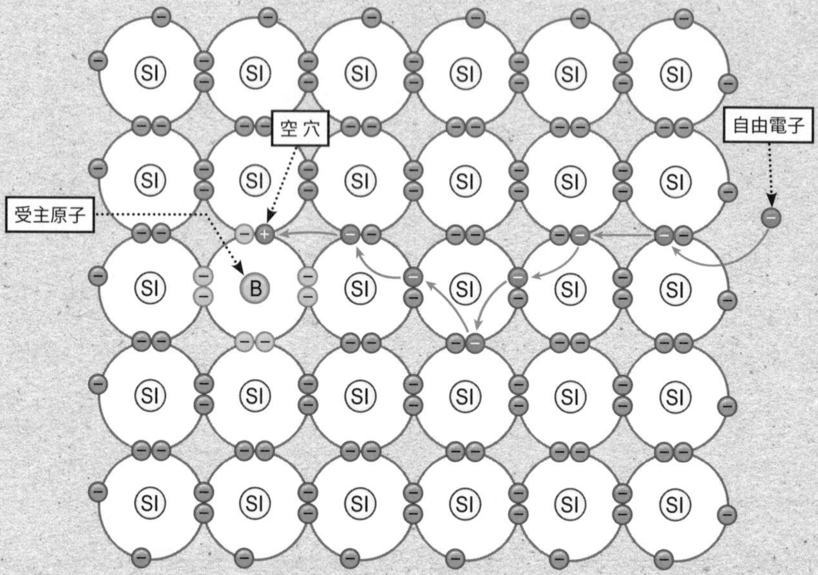

矽摻入硼後，則多了一個電洞，形成 p 型半導體。

當 n 型半導體與 p 型半導體相接，交接處的電子與電洞互相結合，而形成中性的「空乏區」。一般狀況下，由於空乏區的阻隔，電流無法通過，但如果給予足夠的能量，n 型半導體的自由電子便能越過空乏區到 p 型半導體那邊，產生電位差。前文的冶金工程師歐偉用光照射矽石而產生 0.5 V 的電壓，就是這個現象，稱為「光伏效應」。只不過布拉頓等人當時對 p-n 接面的科學原理還不了解，所以只能不斷嘗試摸索如何用半導體做出電晶體。

「真」最佳拍檔的來電發明

file 1-3

1946 年 3 月 19 日這天下午，巴丁走到布拉頓座位前，布拉頓抬起頭來，看見平時總是氣定神閒的巴丁一反常態，難掩興奮的對他說：「我知道為什麼了！」

當下，布拉頓明白巴丁說的是什麼，只是不敢置信，這半年來大家束手無策的謎團終於有了進展！

去年 10 月巴丁一來貝爾實驗室上班，布拉頓便迫不及待的說明蕭克利的構想，以及自己做了哪些實驗，想知道他能否看出到底哪裡有問題？主管蕭克利在誠摯歡迎巴丁就任後，也毫無架子的請教他的看法。

蕭克利三人除了在辦公室討論，就連在蕭克利家中作客時，也無視於身旁的妻子，熱烈談論實驗結果。然而他們再三確認過布拉頓的實際做法，甚至回頭從量子力學的基本學理逐步探討，結果就是想不出為什麼行不通。直到這一天，巴丁才恍然大悟。

巴丁帶著布拉頓到黑板前，用粉筆畫出一個個排列整齊的矽原子與周圍的電子，然後指著最上面那一列矽原子說：「有看出來這一排矽原子和下面的矽原子哪裡不一樣嗎？」

布拉頓滿臉疑惑：「不都一樣嘛？」

「你再仔細看看。」

布拉頓看了一會兒，終於看出差別：「喔，你是指它們少了一顆價電子啊？但這不就是局部示意圖嗎？你只是沒畫出更上層相鄰的矽原子而已。」

巴丁露出莫測的微笑：「那如果這已經是最表面的那層原子呢？它們上方可沒有其他矽原子提供共用的電子了。這就是我們的盲點，沒注意到表層矽原子的價電子是不足的！」

布拉頓一時愣住，巴丁不等他想通，拿起紅色粉筆在最上層的矽原子畫了幾個電子，接著說：「你看，表層這些矽原子只要再一個價電子就能填滿最外殼層，形成穩定狀態。所以當電子被電場吸引到矽原子的表面，便無法掙脫。多了這些堆積不動的電子，矽晶體表層變成帶負電，與上方帶正電的金屬板形成封閉的電場，其他電子無法再被吸引上來，當然不會導電。」

「難怪我試了各種方法，別說放大訊號了，連電流都測不到！」布拉頓恍然大悟，接著趕忙問：「所以我們該怎麼做？」

「只能想辦法打破這『表面態』，不過……我也還沒有具體辦法。」

「沒關係，至少現在不再是瞎子摸象，知道該往什麼方向努力了。」布拉頓渾身充滿幹勁，已經迫不及待要進行實驗。

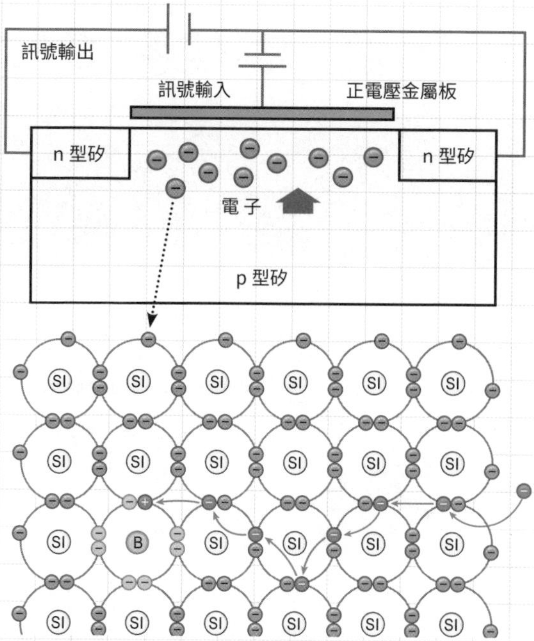

巴丁發現蕭克利所設計的場效應電晶體，因為 p 型矽的表面矽原子最外層被填滿電子，導致無法導電。

最開心的當然是蕭克利本人，這代表他的構想有機會起死回生。他相信巴丁一定可以找出解決方法，加上自己也還有許多事要忙，索性放手讓他們去研究，只有偶而關心一下進度。

學者型的巴丁自然樂得不受干涉；而對布拉頓來說，巴丁的學術素養不下於蕭克利，又隨時都可以當面討論，反而更棒。他們兩人不只是工作上的夥伴，私下也成為往來密切的好友，假日還常相約去打高爾夫球；凱利當初所期待的「大腦」與「雙手」的密切合作，如今反而在巴丁和布拉頓兩人身上實現。

最佳拍檔「大腦」與「雙手」的解謎之旅

不過即便這個新最佳拍檔找出了關鍵問題的答案，但是之後的難關卻是毫不留情的一層層湧上，讓這兩人倍感吃力。事情是這樣子……

1 蕭克利模型

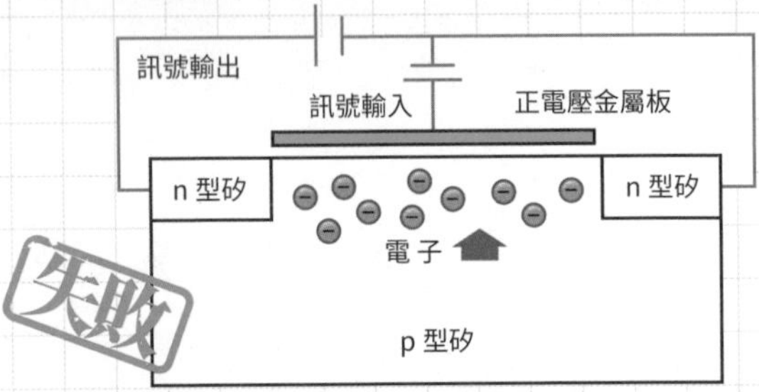

巴丁和布拉頓兩人發現矽晶體表面態的障礙比想像中的還難打破，即使把電壓提高到 1 千伏特、以及縮減金屬板離矽晶體表面的距離至 0.1 公分，仍然看不見電流變化。

巴丁甚至用液態氮冷卻矽晶體，看在超低溫下效果如何，結果導電性只增加了 10%。

繼續改進

2 導線直接接觸模型

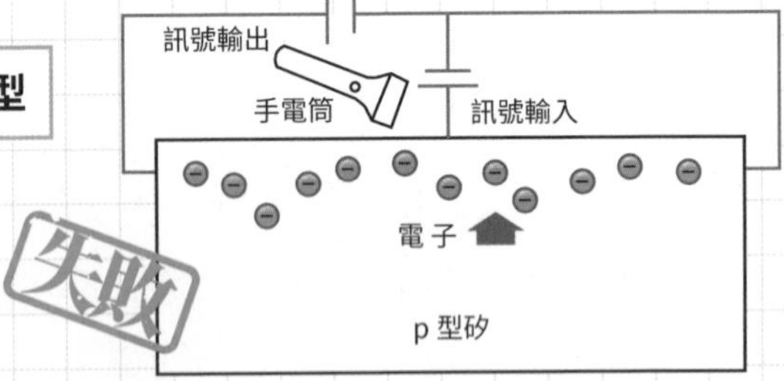

繼續改進

布拉頓想起歐偉用光線照射矽晶體的實驗。兩人用光線照射的結果，發現不需 n 型矽，直接以金屬線接觸 p 型矽就會有光伏效應。於是直接全用 p 型矽做實驗，同時施加電場和照射光線，果然就有電流產生，但卻沒什麼放大效果。

3 矽晶體浸水模型

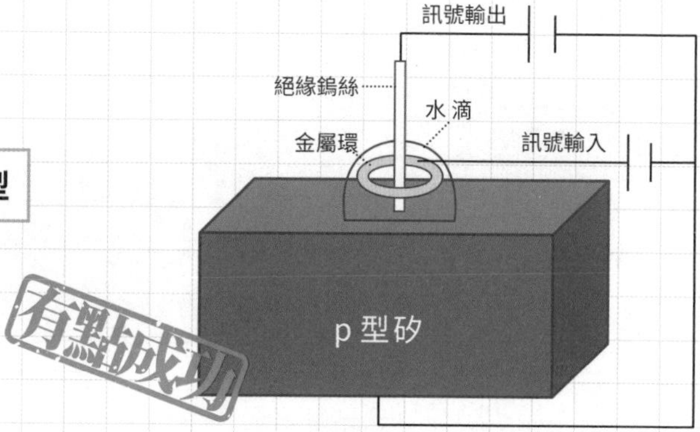

繼續改進

布拉頓意外發現矽晶體浸到水時，竟然測到些微的放大效果。巴丁推測水分子正極那端與表層矽原子接觸，中和了負電而降低表面態效應。

布拉頓把提供電場的金屬板改為很小的金環，放進矽晶體表面的水滴裡，再將絕緣包覆的鎢絲穿過小金環，接觸矽晶體。結果成功在室溫下得到放大效果，雖然只有一點點，卻是一年多來的首度突破。

缺點：水分子會妨礙電波的震盪，所產生的頻率不到 10 Hz，根本無法傳遞聲音訊號，況且水滴容易蒸發，也不是長遠之計。

4 雙管齊下模型

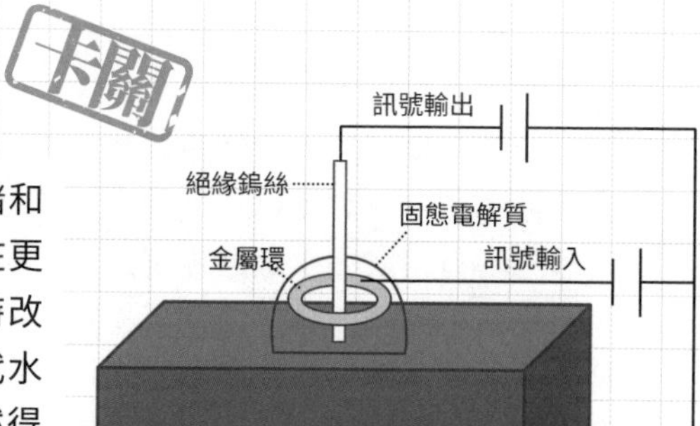

巴丁先將 p 型矽改為 n 型鍺；鍺和矽一樣是 IV 族元素，但價電子在更外層，比較能掙脫表面態。同時改以有正負離子的固態介電質取代水滴，裡面直接植入小金環，果然得到更高的放大效果，只不過電流的頻率仍無法超過 10 Hz。

繼續改進

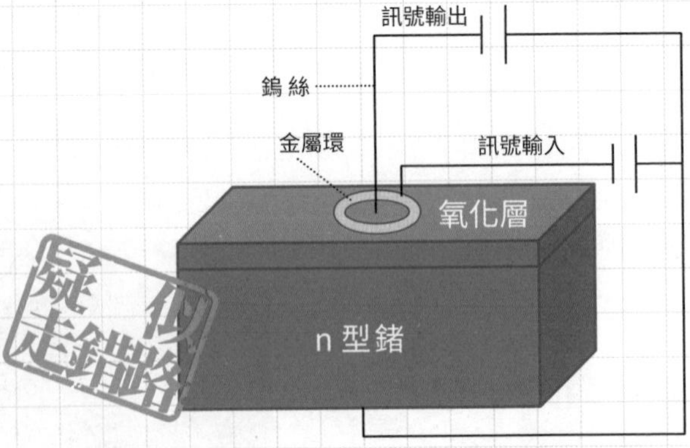

5 氧化層模型

布拉頓在幾次實驗後，發現鍺晶體表面因為電解作用生成二氧化鍺。由於二氧化鍺是絕緣體，代表介電質已經沒有發揮中和作用，而是靠氧化層降低表面態。於是改用事先經過陽極處理、表面已經氧化的鍺，直接將小金環置放在氧化層上，讓鎢絲刺穿氧化層，直抵 n 型鍺。他們原本希望去除介電質之後，就能產生更高的頻率，卻意外發現電流的走向與原先預期的不一樣。

繼續改進

6 無氧化層模型

布拉頓試著改變電極正負方向的不同組合時，有次鎢絲還沒插上去，就不小心先觸碰到小金環，這瞬間電表竟然有反應。照理說小金環下方是絕緣的氧化層，應該不會導電才對，他仔細檢查後才發現原來氧化層不知何時被洗掉了，也就是小金環是與鍺晶體直接接觸的！這可不得了，代表小金環已經沒有扮演提供感應電場的角色，而是將電流轉入鍺晶體而已。這代表並不需要絕緣的氧化層，小金環也形同虛設。布拉頓還發現小金環改接正極時，雖然電流沒有放大，但電壓放大兩倍，而且頻率高達 10 KHz，終於有希望取代真空管；而這一切根本沒用到蕭克利所構想的「場效應」。

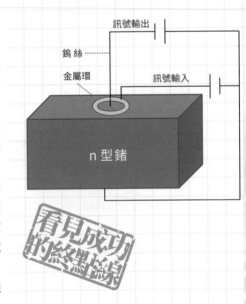

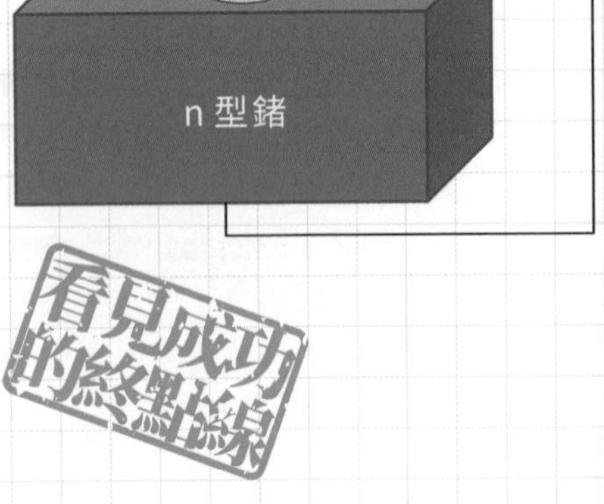

7 反轉層模型

巴丁重新思考並且得出結論：鍺晶體的表層從射極獲得電洞而變成 p 型鍺，與下方的 n 型鍺形成 p-n 接面，就如同歐偉那顆矽石的結構。如果射極與集極在鍺晶體表面的接觸點彼此夠接近，來自射極的電洞有些便會跑到集極，與集極上的電子結合，帶動負極輸出更多電子，這些電子大部分會直抵基極，沿著電路循環回來，形成比射極那端還大的電流。

巴丁算出間隔最好小於 0.005 公分，才有明顯的放大作用，但這相當於一張紙的一半厚度，而當時最細的金屬線至少也有這三倍粗。巴丁原以為這很難做到，沒想到布拉頓很快就想出了巧妙的辦法。

只差最後一步

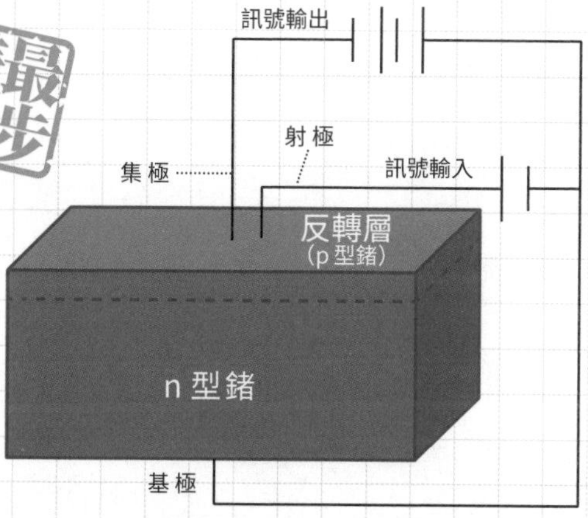

經過反覆實驗，布拉頓與巴丁終於摸索出最佳設計，接下來就是驗證奇蹟的時刻。

1947年12月16日，布拉頓切了一塊三角形的塑膠塊，再將一片金箔貼在三角形的兩側，然後用刮鬍刀片將三角形尖端處的金箔輕劃一刀，分成兩段：一邊作為射極、一邊作為集極，兩者相距只有刀鋒那麼近。接著他把一根迴紋針拉長充當彈簧，一端固定在塑膠塊未貼金箔那側，另一端連接到懸臂上的螺絲旋鈕，讓塑膠塊懸空掛在鍺晶體上方。

裝置到了下午終於一切就緒，布拉頓輕輕轉動螺絲，讓塑膠塊緩緩下降，直到尖端剛好觸碰到鍺晶體表面。布拉頓示意就緒後，巴丁打開電源開關，果然出現前所未見的效果，電壓與電流都有放大，整體功率放大了一百倍。就這樣，這個就地取材的克難裝置，成為史上第一顆電晶體。

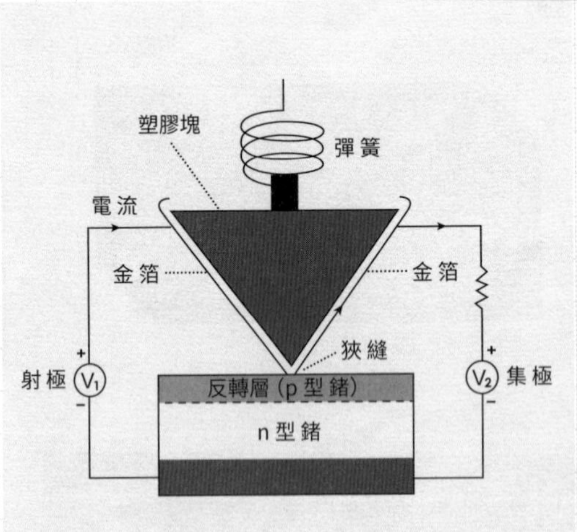

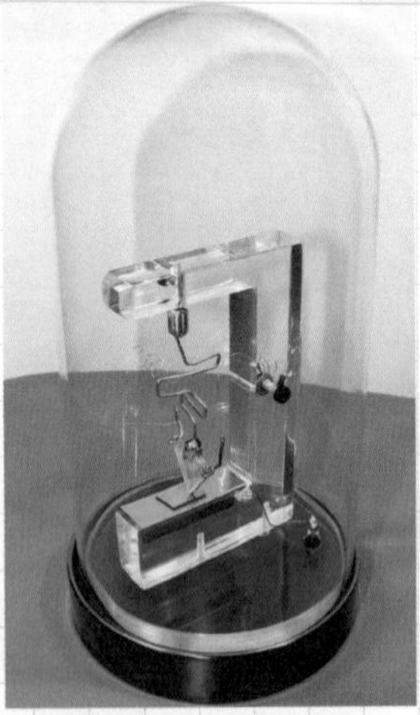

布拉頓與巴丁的設計（左圖）以及最終完成的成品（右圖，照片為複製品），成為史上第一顆電晶體。

布拉頓興奮的擁抱巴丁，巴丁內心也激動不已，沒想到埋首兩年沒有進展，卻在最後一個月中，接連出現戲劇性的變化。

在回家的途中，布拉頓忍不住告訴共乘的同事自己剛完成這輩子最重要的實驗。回家從不談論公事的巴丁也難得向太太透露，雖然只是輕描淡寫的一句：「我們今天有重要的發現。」

當晚布拉頓又打電話給巴丁，再次確認實驗沒有任何漏洞，突然才想到還沒通知蕭克利。

第二天，蕭克利過來實驗室看他們演示一遍，確認他們成功做出了電晶體後，告訴他們在申請專利前要先保密（布拉頓趕緊要那位共乘的同事發誓不說出去），接著他著手安排給貝爾實驗室高層的成果展示會。

12 月 23 日，這些高階主管到場後，只見麥克風與耳機接在一個簡陋的裝置上。當他們輪流戴上耳機，聽見清晰的說話聲音後，原有的疑慮一掃而空，紛紛向蕭克利、布拉頓與巴丁恭喜完成這革命性的發明。

隔天就要開始耶誕假期，這發明猶如意外的耶誕禮物，為原本就已輕鬆愉快的氣氛增添歡樂氣息。在一片和樂融融的笑談聲中，沒人注意到蕭克利卸下僵硬的笑容時，臉上浮現的陰鬱表情……

第二章
光環之爭

Chapter 02

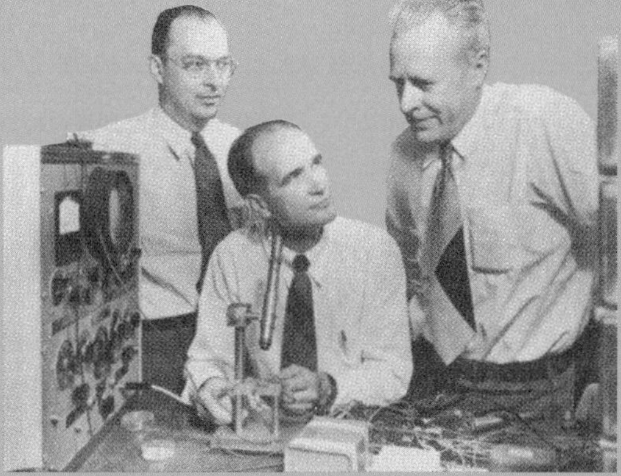

Fortune Magazine calls 1953 the year of the transistor. In its March issue, F[redacted] how the transistor "the pea size time bomb" is revolutionising the electronics ind[redacted]the beginning of the year when mass production of transistors got underwa[redacted]ytheon is leading as the biggest producer of junct[redacted]theon is at the rate of tens of thousands per month.

"In the transistor," Fortune said, "man may hope to find a brain to match atomic energy's muscles." One of electronic's wonder devices, transistors free devices from the limitations of [redacted]ss and low power consumption.

[redacted]ransistors are coming in from the immediate practical application of the hearing aid trade. Over ten concerns[redacted]aring aids using three Raytheon junction transistors.

裂縫——心理以及物理

file_2-1

回想起來，裂縫是在接到布拉頓那通電話後出現的。蕭克利一開始為自己的團隊開發出第一顆電晶體欣喜不已，但隨即內心又不禁湧現失落感，因為這劃時代的發明竟不是出自他的構想。

如果要從加入貝爾實驗室算起，他投入電晶體的研究已經超過十年，結果卻在最後一個月被兩個部屬捷足先登。更令人懊惱的是，他們兩人的成功之路根本是自己替他們鋪好的；是自己開啟這項研究，他們才有參與的機會。倘若不是他「蕭克利」這個名號，貝爾實驗室能支持這麼多年嗎？這感覺就像是率領登山隊要征服最高峰，好不容易快到山頂了，結果兩個隊員卻自己抄捷徑到另一座比較矮的山峰，成為英雄。

蕭克利的失落感很快轉為憤恨不平，這股怒氣又化為不肯認輸的動力，立誓要奪回自己應有的歷史定位。他認為巴丁和布拉頓的發明創新有餘、實用性卻不足。因為這種「點接觸」的方式不易大量生產，出廠之後只要稍有晃動就可能故障，而且只能跑小電流，應用範圍也有限。因此，他決心要發明出更加優異、真正能取代真空管的電晶體，證明自己才是真正能改變世界的人。

耶誕假期結束，蕭克利依既定行程前往芝加哥參加研討會，接著到大學演講，直到新年過後才回來。這段期間他一反常態，不與他人交際應酬，一回到旅館就埋首苦思，就連跨年夜派對也沒參加。行程結束回到紐澤西後，他竟然沒有回辦公室上班，而是選擇在家工作。可能是因為前車之鑑，他決定要全憑一己之力，不再讓其他同事有機會搭便車。

1948 年 1 月中旬，貝爾實驗室的專利律師通知蕭克利一定要來公司一趟，討論點接觸電晶體的專利申請事宜。蕭克利進到會議室時，只有專利律師在場，卻不見布拉頓和巴丁兩人。

律師似乎看出他略感訝異，主動解釋：「博士請坐，今天就我們倆。我已經向巴丁與布拉頓詢問過發明過程和技術細節，所以就沒再找他們過來，可以嗎？」

「沒問題。不過既然你都清楚了，還要我過來幹嘛？」

「主要是專利發明人的列名問題。」

「不是已經說好我們三人並列，還有什麼問題？」

「他們兩人沒有問題，主要是你這邊⋯⋯」

蕭克利打斷律師的話，勃然大怒說：「怎麼，他們反悔了，想把我排除在外嗎？難怪今天不敢來面對我。」

「你誤會了，跟他們無關，是我發現你不宜列為共同發明人。」

「你？什麼意思？」

「因為你發想的場效應設計早就被別人申請專利了。」

「什麼！是什麼時候的事？是誰洩漏出去的？」

「沒有人洩漏。」律師把一份影印資料拿給蕭克利，解釋說：「請看，這位奧地利物理學家李連菲爾德（Julius E. Lilienfeld）早在 1926 年就提出申請，然後專利在 1930 年核准。」

蕭克利細讀手上的專利資料，竟然真的與自己的構想如出一轍。他不可置信的問：「那當初凱利為什麼還要找我來研究？不對，如果這個人已經發明出來，為什麼大家都還在用真空管？」

只見律師吸了一口煙，再緩緩吐出後說道：「因為他申請專利後，沒有對外發表、也沒把東西做出來。若不是我們這次要申請專利，特地去查，不然也不會發現。」

律師停頓了一下，意味深長的對著蕭克利說：「或許他試都沒試，或許場效應不可行，這我不知道。我只知道，如果加入你的構想，專利申請案恐怕會被駁回。就算僥倖過了，我們以後也有被控告侵權的風險。所以專利申請書中最好只提巴丁和布拉頓最後的實驗，不要與你的場效應概念有所牽扯。」

蕭克利怒火中燒，他原本就無法忍受巴丁和布拉頓搶走風采，如今還要從發明人中除名！他站起身來回踱了幾步後，咬牙切齒的說：「好，就算不提場效應，我這麼多年的付出還不夠格列名共同發明人嗎？我可是他們的直屬主管，他們做的實驗一直都是在我指導下進行的！」

「別這樣，博士。你應該很清楚，誰在什麼時候做了哪些事，還是得根據實驗室日誌來認定。要不然你在芝加哥時，幹嘛急著把研究筆記以航空郵件寄回公司，請同事貼在實驗室日誌上呢？」

律師微笑著對蕭克利眨了一眼，接著說：「抱歉，職責所在，我必須要仔細審閱所有紀錄。所以我才能確認巴丁和布拉頓的說法：過去一年，你除了在上面簽名認證他們的實驗結果，對點接觸電晶體並沒有任何實質貢獻。若硬要把你列為發明人，就一定得提到場效應，所以不好意思，真的沒辦法把你列進來。」

蕭克利張口想要反駁，但最後只恨恨的回說：「我會去找凱利討個公道。別想把我一腳踢開！」

這場會議似乎刺激蕭克利產生更大的動力，他回家後更加廢寢忘食，終於在 1 月 23 日這天，一個月來的日思夜想突然匯合成一個絕妙的設計：用兩個 n 型鍺中間夾著一層極薄的 p 型鍺，做成三明治般的 n-p-n 三極體；這三極分別是提供電子的射極、輸入訊號的基極與輸出訊號的集極。

最令蕭克利得意的是，這個設計無論在各方面都完勝巴丁他們的點接觸電晶體。構造簡單，容易製造；結構穩固，掉到地上也不會壞；電子通道寬，能處理的更大的電流與功率。他終於可以憑這個「雙極性接面電晶體」扳回一城，證明他蕭克利無人能敵。

當然在這之前還有許多事要處理，得先趕緊在實驗室日誌留下紀錄、找專利律師討論申請流程、安排信得過的人研究如何製造……他拿起電話打給祕書，交代她明天開始就要回辦公室上班。掛上電話後，他突然想起還有一件重要的事，再打電話吩咐祕書盡快安排他與副總裁凱利會面。在點接觸電晶體所受的恥辱，他可不會就此罷休。

Knowledge +

知識+ ——→ 蕭克利的 n-p-n 三極體模型

n 型鍺的自由電子與 p 型鍺的電洞在交界處結合互相抵銷，形成一道既沒有自由電子也沒有電洞的空乏層。空乏層猶如一道能量壁壘，阻礙射極的自由電子往集極流動。但如果對 p 型鍺施加正電壓，就會吸引射極的電子越過空乏層，直奔集極，只有一小部分的電子會跑到基極。

集極與基極所獲得的電子比例懸殊，使得集極的電流與電壓比基極那端大上許多。因此，基極作為訊號輸入端，那麼輸出到集極那邊的訊號強度便會大上數百倍，因而獲得極佳的放大效果。

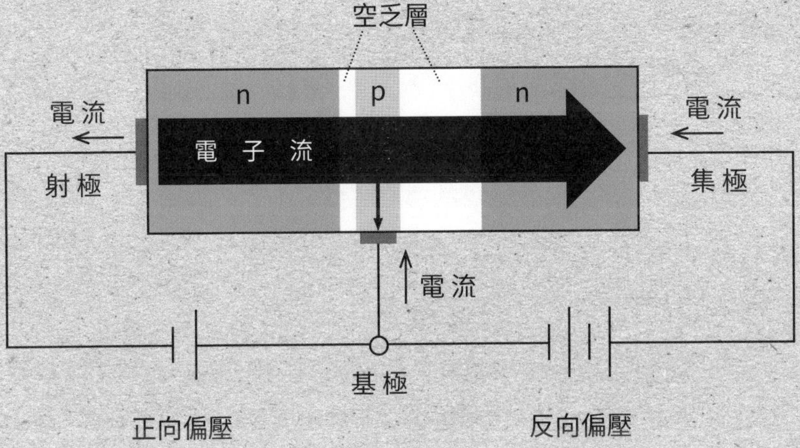

最佳拍檔解散

file 2-2

1948年6月30日，貝爾實驗室在紐約的舊辦公大樓難得人聲鼎沸，演講廳湧進平時不會出現的「外人」。有些是來自紐澤西園區的員工，其餘大部分都是媒體記者。由於各大媒體的辦公室都在紐約市區，為了方便媒體前來，貝爾實驗室才選擇在舊辦公室舉辦電晶體的公開發表會。

這次記者會只會發表點接觸電晶體。雖然蕭克利已經發明出更優異的接面電晶體，也趕在記者會前的6月28日提交了專利申請書（只比點接觸電晶體的專利申請晚了九天），但由於仍在設計藍圖階段，沒有實際成品可以展示，也還不確定是否真的可行，所以不宜對外公布。

不過點接觸電晶體的情況其實也沒有好到哪去，實驗室還沒研究出量產方法，只是布拉頓所用的鍺晶體是向普度大學索取的，如今普度大學的團隊只差臨門一腳就要想出同樣的發明，所以為了避免不必要的誤解與紛爭，貝爾實驗室決定在申請專利後，趕緊對外發表。

發表會開始之前，媒體記者手上已經拿到貝爾實驗室提供的新聞稿，上面有張蕭克利、巴丁與布拉頓三人的合照。照片中，蕭克利坐在實驗桌前，巴丁與布拉頓兩人則是站在他身後左右，營造出一副由蕭克利主導，另外兩人只是輔佐的感覺。這正是蕭克利去見凱利，表明一定要有的安排。

實驗室主任在發表會開場中還特別強調這項偉大的成果，不僅是三個人的天分與努力，而且還是三人之間的團隊合作才能達成。在介紹完發明背景與團隊成員之後，便交由蕭克利說明並回答記者的提問。因此，整場下來，幾乎所有媒體都理所當然認為蕭克利是主要發明人，而沒有注意到他其實並未列名在專利申請書上。

第二天的報紙與隨後的雜誌報導果然都以蕭克利為主角，只是除了少數專業財經與科技雜誌以外，紐約時報在內等主流媒體，則只用了很小的版面大略交代。顯然一般人仍無法想像電晶體會為生活帶來多大影響。不過蕭克利似乎也不是很在意，對他而言最重要的，是奪回自己應有的功勞，只要不讓巴丁與布拉頓獨享光環，就已經達到目的了。

巴丁、蕭克利與布拉頓（從左至右）三人的新聞稿合照。位在中間的蕭克利顯然成為這場記者會的代表人物。

其實布拉頓和巴丁原本並不在意由蕭克利出面和媒體打交道，畢竟這本來就不是他們兩人所擅長，只是蕭克利這段日子以來的種種作為，以及高層的偏袒縱容，令他們心裡頗不是滋味。

蕭克利先是刻意隱瞞接面電晶體的構想，直到發覺另一位同事也快要想出類似的設計，才趕緊跳出來宣告自己早已發明。這種行徑根本違背貝爾實驗室向來鼓勵分享交流、團隊合作的公司文化，但高層不但不以為意，還全力配合他，營造是他領軍發明點接觸電晶體的假象。

此外，布拉頓與巴丁還遭到蕭克利針對性的冷眼對待。照理說以他們兩人的經驗與學識，應該是接面電晶體開發小組的不二人選，但蕭克利卻將他們排除在外。表面上說是需要他們全心投入改善點接觸電晶體，實際上卻是刻意防著他們，甚至特別交代接面電晶體小組成員不准與他們討論。

蕭克利也不再是那個曾經時常邀請他們到家中作客、討論的好夥伴，在辦公室遇見就只冷冷的點頭致意。原本熟絡的三人如今形同陌路，同事們都可以感受到他們之間冷冽的緊張氣氛。

1949 年，蕭克利先是請長假參與一項國防計劃，接著第二年韓戰爆發，他又被五角大廈徵召，研發飛彈的近炸引信，前後幾乎有一年多的時間不在辦公室。布拉頓與巴丁終於得以暫時擺脫充滿敵意的無形壓力，好好做研究。沒想到蕭克利回來後，做事更變本加厲，不但處處干涉他們的工作，還常常不假辭色。他們兩人終於忍無可忍，決定由與凱利已有多年交情的布拉頓出面，向凱利提出要求脫離蕭克利的管轄。

「凱利，你知道我這個人，如果不是真的沒辦法，也不會越級來找你。蕭克利實在越來越過分了！」布拉頓一進凱利辦公室就直接單刀直入。

「哦，怎麼了？」凱利露出關切的眼神。

「我了解專利申請的事讓他不爽，但這也不是我和巴丁造成的，他幹嘛一直針對我們兩個？不讓我們加入接面電晶體的團隊就算了，反正我就繼續做點接觸電晶體。但巴丁是做理論的，我這邊他已經幫不上什麼忙，新的接面電晶體又不讓他碰。然後他想研究超導體，蕭克利又不准，何必呢？」

「也許蕭克利需要他處理更優先的工作？」

「什麼優先工作？丟一堆計算叫他做，這些計算需要一個物理博士來做嗎？而且也不告訴他用途是什麼，太不尊重人了！」

「所以你今天來是打抱不平，要替巴丁討公道？」凱利笑著試圖緩和一下氣氛。

「也為我自己。你知道嗎，就連我這個老戰友，他也像在防賊似的，現在還常給我臉色看，動不動就大小聲，簡直像個不定時炸彈。」

「那你希望我怎麼做？」

「反正我跟巴丁沒辦法再和他共事，你把我們調離開他吧。」

凱利沉吟了一會兒才說：「了解，我會安排的。但需要一些時間，接面電晶體正在開發中，我不想節外生枝。」

不久後發布人事調動，布拉頓和巴丁如願不再受蕭克利指揮，卻仍無法完全擺脫他的干擾，畢竟他位高權重，在實驗室仍有呼風喚雨的影響力。

當凱利以為事情告一段落了，不料 1951 年 7 月，就在正式發表接面電晶體的幾天後，巴丁提出辭呈，表示要接受伊利諾大學的聘任，學校願意支持他研究超導體。

凱利把他找來懇談慰留：「伊利諾大學的資源絕對比不上我們，為什麼不留在這裡研究呢？」

「我實在不習慣企業界的政治鬥爭，還是回學術圈比較自在一點。」巴丁意有所指的回答。

「所以還是蕭克利的問題？」

「你有辦法解決嗎？」

凱利沉默無語，巴丁笑了笑，接著說：「我知道他對公司太重要了，如果我是你，大概也不敢對他怎樣。老實說，我真的打從心底佩服他能想出這麼優雅又實用的接面電晶體。可惜他……」巴丁琢磨著措辭。

凱利接口說：「脾氣不好？」

「哈哈，我其實要說心胸太狹窄。算了，這都與我無關了。現在接面電晶體已經正式發表，點接觸電晶體的量產方法也差不多搞定，正是離開的最佳時機。不用慰留我了，你應該清楚我離開對大家都好。」

是的，凱利知道於公於私都應該讓巴丁離開。只是他沒料到，蕭克利幾年之後也會拍拍屁股走人；而巴丁將因超導體的研究獲得個人第二座諾貝爾獎，成為史上唯一獲頒兩座諾貝爾物理獎的人。至於第一座獎項，正是來自電晶體的發明，由巴丁、布拉頓與蕭克利三人共同獲得。巴丁更沒想到，有一天他們三人會因此再共聚一堂。

Knowledge+

知識+ ——→巴丁的第二座諾貝爾獎

巴丁離開貝爾實驗室，後來到了伊利諾大學的電機學院和物理學院擔任教授，除了持續研究半導體外，也開始展開研究超導體的計劃。

超導體是指特殊材料在低於某一個溫度時，材料產生零電阻與抗磁性的特性。抗磁性是指材料對於磁場產生排斥力，可以懸浮在磁場上——也就是磁浮列車的原理之一。

巴丁和利昂・庫珀（Leon Cooper）、約翰・施里弗（John Schrieffer），聯合提出了對於超導體的理論解釋，稱為「BCS 理論」，三人後來於 1972 年獲得諾貝爾物理學獎。

約翰・巴丁

利昂・庫珀

約翰・施里弗

開啟[redacted]科技革命的巨輪[redacted]

file_2-3

巴丁辭職兩個月後，貝爾實驗室終於準備好讓點接觸電晶體走出實驗室。1951 年 9 月中旬，為期五天的閉門研討會在紐澤西的貝爾實驗室辦公大樓召開，受邀者均經過五角大廈資格審查，主要是軍方的合作廠商，大約有 100 間，另外還有 20 間大學的研究學者。

有人認為是軍方施壓讓貝爾實驗室分享技術，好提升整體國防工業，但其實貝爾實驗室屬於研究機構性質，本來就無意製造販賣電子零件；而且母公司 AT&T 也未跨足通訊以外的產業，並不反對將電晶體的技術授權出去。因此，對貝爾實驗室而言，收取權利金既符合公司利益，也讓軍方這個大客戶開心，還可以加速電晶體的時代來臨，簡直是三贏的局面。

第二年，25 間美國廠商與 10 間外國企業取得授權，開始製造點接觸電晶體。最先應用的產品除了 AT&T 本身的通訊設備，其他都是屬於軍方的武器裝備；但到了年底，第一個電晶體消費性產品就問世了，那是由聲諾通公司（Sonotone）製造的助聽器 Sonotone 1010。

GOOD HOUSE... MAGAZINE—THE HOME DIREC...

第一個電晶體消費性產品誕生

助聽器Sonotone 1010是第一個使用電晶體的電子產品，在1952年12月29日推出。有趣的是，Sonotone 1010 內部是由兩個真空管和一個電晶體組成，這個奇妙的組合也象徵電晶體的商品化還是處於試驗階段。往後隨著電子科技進步，現代的助聽器已像耳機一樣輕巧。

As Dainty as Candy
And as Nourishing
as Wheat

SAMPLE BOX
Mailed for 10c.

1850
號筒形助聽器
$20

Hard of Hearing?

THE NEW
MIRACLE TRIO
IS FOR YOU...

ALL-TRANS
HEARING

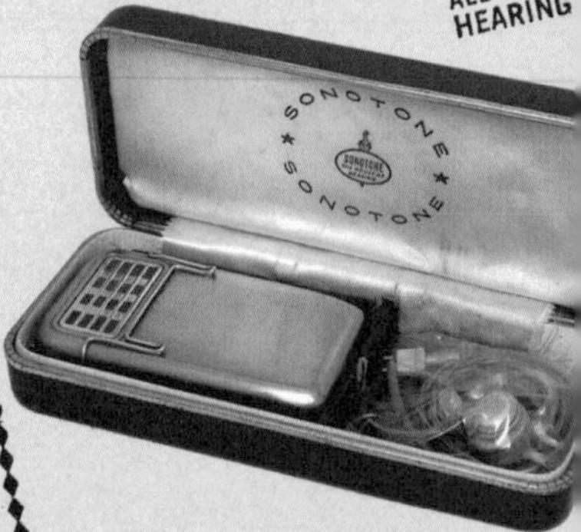

2000
助聽器

1952
Sonotone 1010

The low price includes the brilliant Trio He
Aid and all necessary accessories... battery
soft vinyl earpieces and instruction bookle
fine leather zippered case.
Reg. $69.95

44

不過這個助聽器要價不斐，當時售價高達 229 美元（相當於現在 2250 美元），無法堪稱平價的商品。這其實反映了點接觸電晶體製造不易，成本壓不下來。再經過一年的時間，電晶體在 1953 年的每月出貨量約五萬顆，而同時期真空管每月產量仍多達三千五百萬顆。

儘管如此，電晶體的崛起已經引起大眾注目。比起五年前那場只有圈內人才能體會重要性的發表會，如今連財經記者也看出電晶體將會改變未來。1953 年 3 月號的《財富（Fortune）》雜誌便在一篇題為〈電晶體之年〉的專文中，預測電晶體的「可靠、小巧，耗電又低，會讓資料處理與計算的機器提升到任何所能想像的複雜度，而成為即將到來的第二次工業革命的核心。」

《財富》雜誌看到的是前一年 IBM 推出的通用型電腦，如果裡面的真空管全部改為電晶體，勢必會是另一番樣貌。結果一如其預言，隨著電晶體的效能日益提升，電腦果真推動了如今我們所稱的第三次工業革命*。

不過《財富》雜誌沒看出來的是，點接觸電晶體並無法勝任這場革命，這場革命的掌旗手還是必須交給接面電晶體，同時電晶體材料也得從鍺換成矽才行。

當年布拉頓和巴丁為了降低表面態的能量障礙，用鍺取代矽，最後雖然成功發明點接觸電晶體；但鍺的能量障礙低的優點，也是缺點。能量障礙低，代表比較容易導電，一旦

＊原文財富雜誌所說的第二次工業革命，其實是指現今的第三次工業革命。而現今所指的第二次工業革命則是指 19 世紀末到 20 世紀初，由電力帶來的改變。

環境溫度太高或機器全速運轉（溫度升高）時，就會發生漏電。因此，當蕭克利另組團隊，開始打造接面電晶體時，就設定最終的成品應以矽為材料。

矽還有一個好處：地表上蘊藏豐富，是地殼中含量第二的元素。隨處可見的沙子其實就是二氧化矽，原料成本要比鍺便宜多了。不過要製造接面電晶體非常困難，得精煉出純度高達 99.999999999％的矽，同時還要將原本結構不夠規則的多晶矽，轉為晶格排列整齊的單晶矽，才有利於電子順利通過。

在製造過程中，還得精確控制摻雜硼與鍺的分量，而且要確保位置精準、分布均勻；尤其三明治架構的中間那層 p 型矽必須薄到微米級的厚度才有放大效果，如何把硼均勻摻入這麼薄的中間層，不能有絲毫摻到左右兩邊，更是難上加難。

貝爾實驗室一直到 1954 年初才發明出製造方法，但實驗室的文化畢竟是研究導向，並沒有積極投入量產。結果兩年前才向貝爾實驗室取得授權的德州儀器（Texas Instruments）後來居上，率先於 4 月宣布可以大量生產用矽打造的接面電晶體，並於 10 月推出第一臺電晶體收音機 TR-1。這臺收音機只比菸盒大一些，可隨身攜帶，讓一般大眾感受到電晶體將帶來巨大改變。

《財富》雜誌的預言確實已經逐漸在生活中實現。比起巨大又笨重的真空管收音機（上圖與中圖），1954 年所推出的第一臺電晶體收音機 TR-1（下圖），體積僅是手掌大小，可以隨身攜帶。

此時蕭克利並不在貝爾實驗室，他向公司請了一年的長假，回到大學母校加州理工學院，擔任客座教授。其實這是蕭克利故意表達他的嚴正抗議，抗議公司沒有給他「對等」的待遇。

貝爾實驗室高層不是相當重視蕭克利嗎？不但處處配合他，同意讓他兼任軍方顧問、任意調配上班時間，還幫他塑造電晶體發明人的形象，為什麼蕭克利還會如此不滿？原來蕭克利得罪的不只布拉頓與巴丁，事實上，已經有十幾個人都受不了他的剛愎自用又愛亂發脾氣，而先後辭職走人。高層看在眼裡，都明白他雖然是個無庸置疑的天才，但個性缺陷改不了，所以只能負責特定專案，並不適合再提拔為更高階的領導者。

可是蕭克利的聰明才智對公司實在太重要了，為了安撫他，特地讓他擔任「聘僱長」一職，負責決定特殊人才的任用與敘薪（事實證明蕭克利雖然不是個好的領導者，但卻有識人的眼光，幾個經他特別加薪的人，日後都做出重要貢獻，其中有兩位還獲得諾貝爾獎）。然而這個「實則架空」的職位怎麼可能讓蕭克利滿意，尤其幾個比他晚進公司的人竟然官升得比他高，更令他忍不下這口氣，決定請長假以示抗議。

現任貝爾實驗室總裁的凱利當然不願失去蕭克利這樣的頂尖人才，但找他來懇談之後，終於明白這頭亟欲振翅高飛的大鵬，是不可能再委身在貝爾實驗室裡。權不夠大、官不夠高、薪水不夠多，這些人比人氣死人的因素，固然讓蕭克利覺得委屈，但這些都只是導火線，並非是他想離開的真正原因。

當年凱利以創造新時代的使命感，吸引蕭克利加入貝爾實驗室；如今蕭克利算是完成使命，但他顯然並不想功成身退、以此為終。自負的蕭克利想要繼續引領時代前進，這也是為什麼他始終不肯放棄軍方顧問一職，因為參與改變世局的決策，不但充滿成就感，也滿足掌握一切的權力慾望。

如果說蕭克利所發明的接面電晶體是個掀起革命的火苗，那麼他還想成為舉起火炬照亮前方的帶領者。但貝爾實驗室畢竟只是研究機構，不做商品化的生意，加上個人的發明按照規定又歸公司所有，即使凱利把總裁讓給蕭克利，他一定仍會覺得有志難伸，終究不會安身立命。

果然，蕭克利在加州理工學院一邊教書、一邊放出打算離開貝爾實驗室的風聲，試探可能的發展機會。許多大型企業與知名大學耳聞後，紛紛提供條件優渥的職位，但蕭克利在得知德州儀器率先推出矽的接面電晶體以及電晶體收音機後，已下定決心要自行創業。原本在貝爾實驗室負責提煉矽晶體的提爾（Gordon Kidd Teal），跳槽到德州儀器一年多後，就能做出這樣的成績，那麼他蕭克利絕對更能有一番作為。

蕭克利正式向凱利表明辭意後，凱利除了予以祝福，還主動引介他與洛克斐洛家族會面。其實凱利知道以蕭克利的聲望與人脈，不用別人幫忙，他自己就能找到願意資助他創業的大型企業。果然過沒多久，蕭克利就將遇見一位願意投資他成立實驗室的企業主。

Knowledge +

知識+ → 單晶矽的製作

製作單晶矽對於半導體製造來說是個非常關鍵的步驟。我們常聽到的「晶圓廠」，就是負責將沙子中的二氧化矽提煉製作成單晶矽，並且切割成一片片晶圓片後，再送到 IC 製造廠或是代工廠生產半導體晶片。

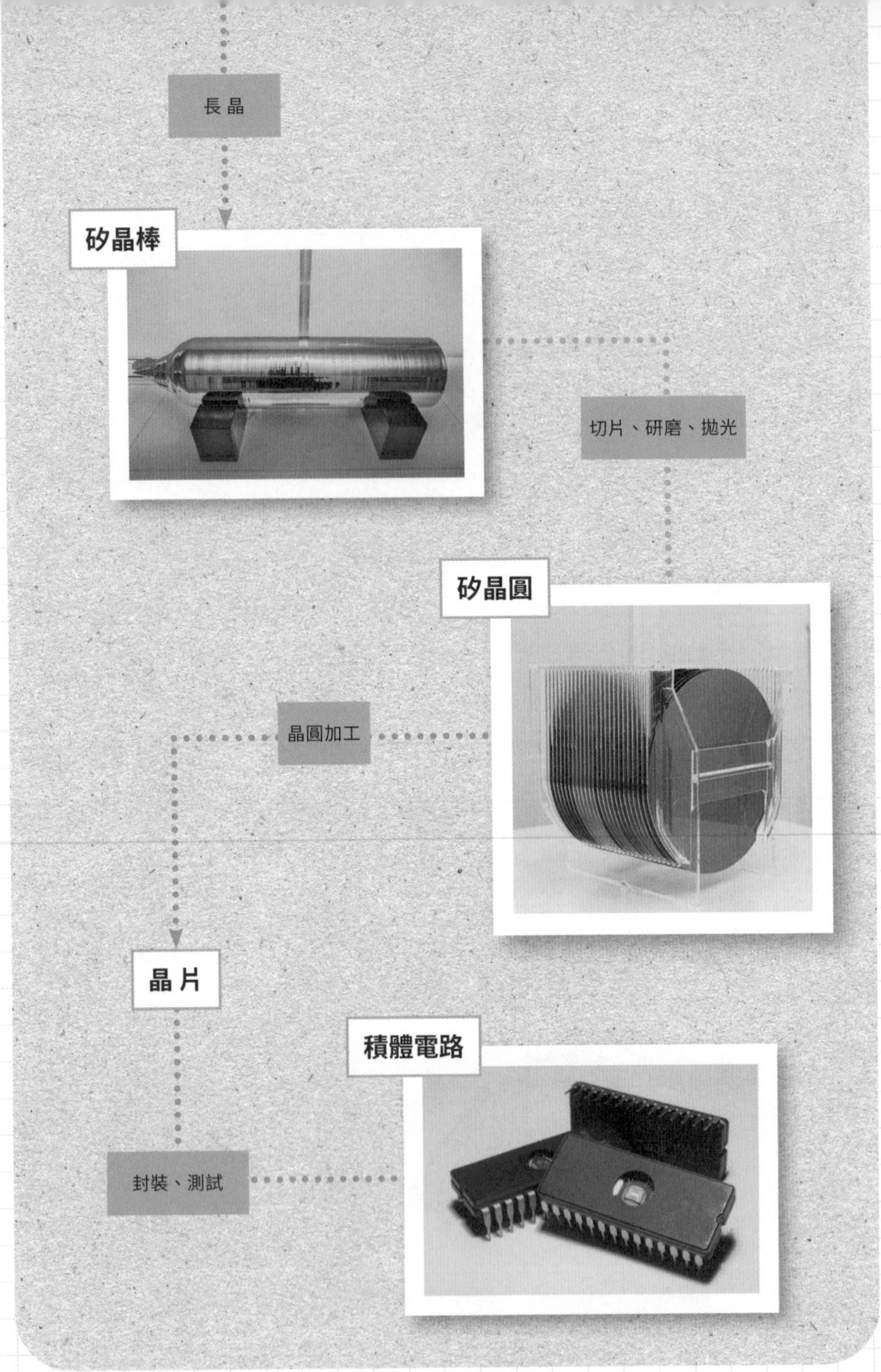
長晶
矽晶棒
切片、研磨、拋光
矽晶圓
晶圓加工
晶片
積體電路
封裝、測試

第三章
半導體明星隊

Chapter 03

Silicon Valley is home to many of the world's largest high-tech corporations, including the headquarters of more than 30 [redacted]s of startup companies. Silicon Valley also accounts for one-third of all [redacted]d it to become a leadi[redacted] high-tech innovation. It was in Silicon Valley that the silicon-based [redacted] microprocessor, and the microcomputer, among other technologies, were developed. As of 2013, the region employed about a quarter of a million information technology workers.

大學長[redacted]兼伯樂[redacted]

file 3-1

蕭克利下了飛機後，直接從洛杉磯機場前往頒獎典禮的會場。洛杉磯商會要頒獎給他和三極真空管的發明人德佛瑞斯特，以表揚他們做出改變時代的發明。

2 月西岸的加州天氣猶然宜人，不像東岸冷風凜冽，登機前還下起雪來，讓蕭克利不禁懷念起幾個月前在加州理工學院任教的日子。他從小在加州長大，加州理工學院畢業後，到美國東岸的麻省理工學院讀研究所，之後就一直待在東岸，出差外地的次數還比返鄉的次數多。

前一年蕭克利跟貝爾實驗室請了一年的長假，回到母校擔任客座教授，但因為決定要創業，只教了一學期，便收拾行囊展開籌備之旅，四處拜訪有興趣的投資人。沒想到才過兩個月，就因為領獎又回來加州。

頒獎典禮結束後，洛杉磯商會的副主席貝克曼（Arnold Beckman）和蕭克利攀談，才發現兩人有許多共同點。貝克曼大蕭克利 10 歲，加州理工學院也算是他的母校，他在此讀研究所，中途曾休學兩年，為了未婚妻搬到紐約。這段期間貝克曼先在西方電氣（Western Electric）當工程師，隔年加入貝爾實驗室。又過了一年，與新婚妻子搬回加州，繼續研究所學業；1928 年取得博士學位後，隨即留在化學系任教。

蕭克利恰恰就在 1928 年進加州理工學院就讀，所以他們兩人不但是校友，而且有四年的時間都在同一校園內。蕭克利去年也回母校任教，兩人又多了先後期同事的關係，還不止一次，就連貝爾實驗室也是。

或許因為有這樣的機緣，他們兩人相談甚歡，蕭克利尤其對貝克曼如何從學者搖身一變為企業家感到興趣。原來當時校方積極鼓勵教授走出象牙塔，協助企業或政府部門，貝克曼因此不時會接到委託案。

有次貝克曼為了幫香吉士農產公司解決問題，發明了酸鹼值測定計。他相當看好這項發明，決定自己成立公司生產製造，結果真的大受歡迎，賣得一年比一年好。他乾脆在 1939 年辭去教職，全心經營事業，並將公司名稱改為「貝克曼儀器」，陸續推出各種量測儀器。公司業務從此蒸蒸日上，1952 年還股票上市。

貝克曼對半導體沒有研究，但他還是歡迎蕭克利在創業過程中，有任何問題都可以向他諮詢。蕭克利原本只當成是大學長對小學弟的關心，沒想到幾個月後貝克曼將提供一份遠遠大於諮詢的實質幫助。

蕭克利離開洛杉磯後，繼續奔走各地，除了會見潛在投資人，還拜訪一些已經跨足半導體的公司，例如：德州儀

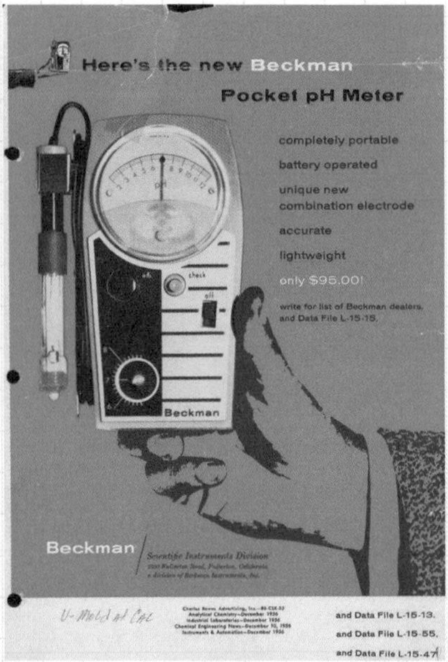

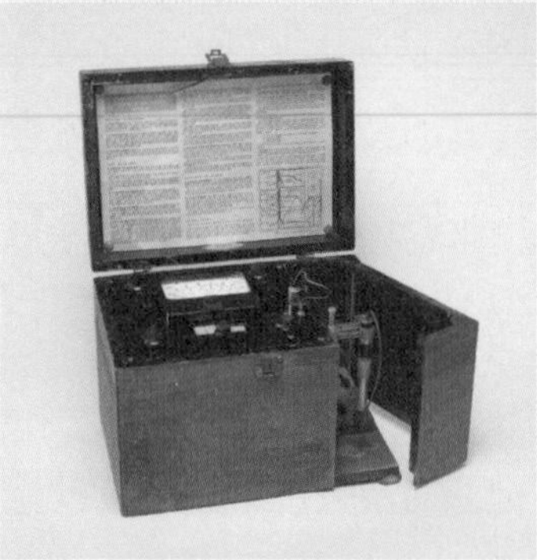

貝克曼與他所發明的酸鹼值測定計（上方兩圖），不但讓他大賺一筆，走入創業之路；後來也因為研發出各種實用又可靠的科學儀器，成為各地實驗室與檢驗公司的必備器材（下方兩圖）。貝克曼儀器公司也成為今日世界有名的國際專業儀器公司。

器、美國無線電公司（RCA）、雷神（Raytheon）等大型企業，以了解實際的產業情況。這些公司早就聽聞蕭克利要離職，亟欲拉攏這位大師加入，無不熱誠接待、知無不言；但蕭克利已決意創業，不想再有上司管東管西。只是當時銀行仍沒有投資新創公司的先例，也還沒有現今的創投公司，蕭克利只能尋覓一家願意資助他，又願意給他完全自主權的企業。

7 月底，蕭克利向大學長貝克曼提及自己遇到的困境，貝克曼才認真問他想做什麼。蕭克利大略解說以矽打造的接面電晶體將成為市場主流，而他這半年來四處參訪的結果，各家仍在摸索對矽的摻雜方法，非常依賴人工調整壓力、溫度、時間等各項因素，導致生產效率不佳、成本居高不下。他打算將製造流程自動化，一切都由機器精準控制，不但能確保品質，也容易轉換生產不同類型的電晶體。

貝克曼原本就相當熱衷於自動化生產，他自己的工廠也一直在做這方面的嘗試，所以他可以想像電晶體一旦可以自動化生產後所帶來的龐大商機。他馬上邀蕭克利來加州商談創業計劃，兩人見面後很快達成共識，在貝克曼儀器之下設立「蕭克利半導體實驗室（Shockley Semiconductor Laboratory）」，由蕭克利全權主導。但對於實驗室要設在何處，兩人卻有不同看法。貝克曼希望在西岸洛杉磯，他的公司與工廠都在這裡，可以方便就近管理，但蕭克利仍不確定是否要離開他熟悉的東岸。

「蕭克利，這不全是對我個人比較方便。萬事起頭難，創業初期一堆雜七雜八的事要準備；你在洛杉磯的話，行政財務方面可以交給我這邊的人處理。而且我工廠裡也有自動化經驗的工程師，或許也幫得上忙。」

「我了解，貝克曼。但電晶體和量測儀器截然不同，我不覺得你的工程師能幫什麼忙。而且就像你說萬事起頭難，那我更應該留在東岸，從貝爾實驗室挖角有經驗的同事，不是嗎？」

「你確定他們願意跳槽？貝爾實驗室是老牌的龍頭企業，而我們這家新公司什麼都還沒有。」

蕭克利一時語塞，只得坦承：「說實話，我也沒把握。」

「還是因為家庭因素？你太太不願離開紐約？」

「倒也不是，我們去年已經離婚了。」

「那還有什麼好猶豫的？就搬來陽光普照的加州吧，你不是很懷念家鄉嗎？」

「是沒錯，如果真要在加州，我想在帕洛奧圖，而不是洛杉磯。我老媽還住在那裡，她年紀也大了，我想多陪陪她。」

「既然如此，其實那裡也不錯，離舊金山近，附近就有史丹福大學。對了，他們工學院的院長特曼已經規劃了工業園區，歡迎科技業進駐，要不我介紹你和他聊聊？」

蕭克利雖然還沒打定主意，不過四處看看多比較也不錯，便請貝克曼安排見面。不過他還是要先回紐澤西，找貝爾實驗室的同事聊聊，探探他們的意願。

使命號召

file 3-2

史丹福大學教務長弗雷德里克・特曼（Frederick Terman）在辦公室內來回踱步，不時看著手錶，他已等不及待會兒與蕭克利的會面。他年過半百，見過不少大人物，照說不應如此坐立難安，但這次會面實在太重要了。表面上看起來，只是又多了一家企業可能進駐史丹福工業園區，但蕭克利要成立的這家公司非比尋常，不但關係到史丹福大學的未來，甚至將影響到整個加州的發展，特曼無論如何都要說服他將公司設在這裡。

特曼與史丹福大學有很深的淵源。他的父親是著名的心理家，在特曼十歲時獲聘至史丹福任教，於是舉家遷來學校附近。特曼大學念的就是史丹福的化學系，畢業後繼續在校就讀電機研究所，但當時西岸的學術水準不如東岸，於是他在取得碩士學位後，便轉往麻省理工學院攻讀博士。他於 1924 年完成學業後，原本打算留在東岸工作，但因為診斷出肺結核，不得不回到陽光普照的加州休養。

休養一年後，特曼拿到史丹福大學的聘書，從此便未離開，只有在二次大戰期間被徵召到哈佛大學，帶領 800 人的團隊研發反雷達的無線電訊號。戰後回到史丹福大學，職位一路從教授、電機系系主任、工學院院長，再到如今的教務長。

特曼的辦學理念深受攻讀博士時的指導教授凡納爾・布希（Vannevar Bush）影響，主張學以致用，推動社會進步。特曼剛進麻省理工學院那年，布希就與人一起創辦製造無線電零件的雷神公司，幾年後還發明世上第一臺可以解微分方程式的類比式計算機「微分分析儀」。二次大戰期間，微分分析儀發揮功效，快速計算出各式彈道，對盟軍的幫助很大，布希本人也受到總統重用，負責運用科技力量強化國防能力。布希大力推動軍方、產業與學術界的交流合作，讓軍方將研究經費下放給大學或民間機構，不但催生出科技產業，也為科學人才的培育建立正向循環。

布希與他所發明的微分分析儀。布希非常強調知識學以致用，也深知科學人才培育的重要性，不僅極力敦促美國提高科學研究經費，也促進成立國家科學基金會。

二次大戰後，特曼擔任工學院院長，也延續布希的軍、產、學聯手策略，除了大力延攬學術人才，也積極爭取軍方的研究經費，提升實驗室的儀器設備，努力讓史丹福大學迎頭趕上麻省理工學院。他還向董事會提出一項史無前例的大膽計劃：將史丹福大學一片廣闊的土地開闢為工業園區，分租給科技廠商。進駐的廠商除了會付租金給學校，也因為地利之便，委託教授進行研究。教授一方面得以增加研究經費、一方面也能接觸最新的科技應用（當時幾乎都是軍方率先引進最新科技，而所謂的科技廠商幾乎都是國防承包商）；並且學生也會有更佳的就業機會。

1951 年，史丹福工業園區正式開幕，第一家進駐的廠商正是史丹福校友所創——瓦里安聯合公司（Varian Associates），隨後惠普公司與通用電氣、洛克希德等大型企業也陸續進駐。

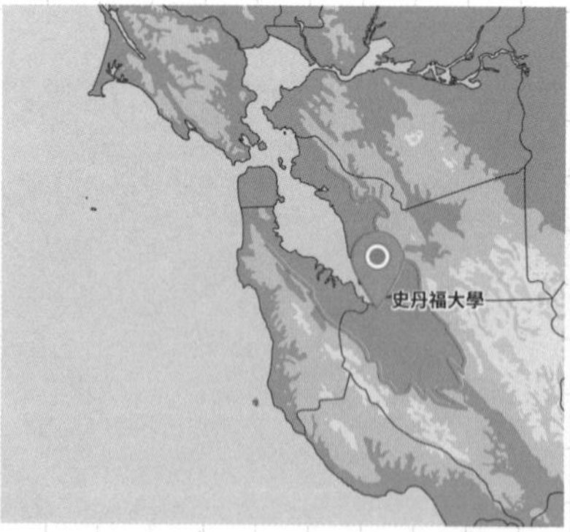

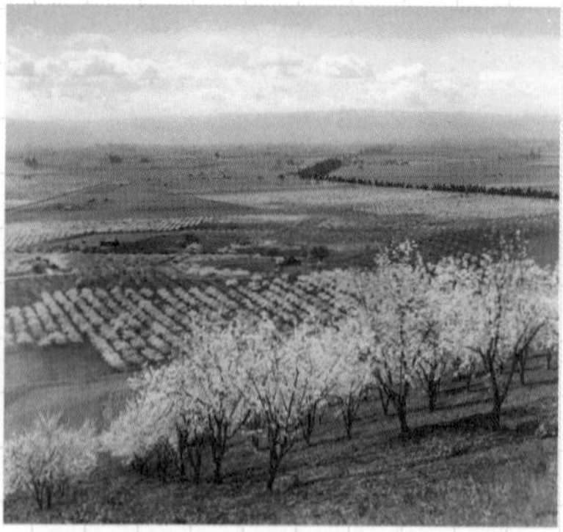

史丹福大學工業園區位於加州北方的聖克拉拉谷（左圖）。在沒有工業園區之前，這裡曾是果園、樹林密布的山谷（右圖）。

特曼的專長是無線電，非常了解電晶體的重要性，因此當蕭克利與貝克曼於 1955 年 9 月宣布要成立公司的消息傳來，他馬上寫信給蕭克利，力勸他將公司設在史丹福工業園區。沒想到貝克曼主動和他聯繫，安排他們兩人當面商談。待會兒蕭克利就要來訪，特曼只盼能成功說服他，如此就有機會扭轉東岸獨領風騷的局面。

蕭克利準時出現，特曼與他寒暄幾句後，提議開車載他繞一圈史丹福工業園區，一邊介紹一邊討論。這正合蕭克利的意，兩人跳上車後，特曼先介紹自己與史丹福的淵源，沒想到才提及父親，蕭克利就打斷他：「原來你父親就是制定史丹福智商測驗的特曼教授？你知道嗎，我六、七年級時也參加過這項測驗。」

「真的？當時我父親特意挑選資優生來測試，想必你的成績一定相當好。」

蕭克利露出莫測的笑容：「顯然還不夠好，我並沒有入選你父親認定的天才兒童名單中。」

特曼尷尬回應：「哈哈，我也是，不過你看我們都不需要智商測驗來證明自己。其實我們倆還有個共同點：都選擇離開家鄉，遠赴麻省理工學院攻讀博士。」

「你也是 MIT 的？我們只差十歲，搞不好有共同的教授。」

「我的指導教授是布希，你認識嗎？」

「我進去那年，他剛升工學院院長兼任副校長，所以沒機會受他指導。反倒是我離開校園後，和他開過不少會。」

「哦，你不是一拿到博士學位，就直接到貝爾實驗室上班了？」

「就大戰期間軍方找我做些研究，所以不時要跟他報告。可能表現還可以吧，戰後五角大廈要我繼續當顧問，到現在我偶而還會和他碰面。其實幾年前他曾問我要不要接任『武器系統評估小組』主任，若不是家人反對，我可能就踏上公職之途，現在也不會出來創業了。」

「不接是對的，無論是對你個人或對整體社會而言。電晶體實在太重要了。」特曼決定試著打布希牌：「不過能獲得布希的賞識真的不簡單，看來你和他絕不只是泛泛之交。」

「哪裡，他格局宏偉、深謀遠慮，我們美國現在領先全球，布希居功厥偉。他是我少數由衷佩服的人。」

「完全同意！那你一定明瞭我為什麼要打造工業園區，這其實就是依循布希的策略，利用軍方的龐大預算，藉由產學合作提升學術水準與科技能力。」

蕭克利點點頭，問道：「我聽說好幾家軍方的承包商已經進駐了？」

「嗯，通用電氣、洛克希德都進來了，不過說真的，我最希望的是你能過來，下個世代的科技發展就看電晶體了。

當然，你在五角大廈有人脈關係，技術能力又領先群倫，公司無論設在哪兒都會成功。不過草創初期沒有收入，還是能省則省，加州這邊的各項開銷成本絕對比東岸來得低。」

蕭克利重提人才來源的考量。特曼繼續說服他：「其實這幾年史丹福的學生素質已經不輸麻省理工學院，以後你的公司成長擴張，他們絕對會是你所需要的生力軍。況且東岸競爭激烈，你得跟貝爾實驗室、RCA、雷神等大企業爭搶人才，不見得能搶得贏。」

蕭克利欲言又止。特曼把車開到一個小山丘，兩人下車往前走到邊緣處，俯瞰整個史丹福工業園區。特曼指著下方一座大型建築物對蕭克利說：「十幾年前我鼓勵兩個學生惠列特（Bill Hewlett）和普卡德（David Packard）出來創業，他們從車庫開始，如今惠普（Hewlett-Packard Company、HP）已是加州代表性的科技公司。你現在的條件以及加州的各項資源，都比他們當時好太多了，在這裡起步絕對可以成功的。」

蕭克利沉吟不語，但眼神盯著工業園區，似乎已在勾勒未來景象。特曼見狀決定從情感面再推一把：「當年加州的學術水準如果夠高，你我就不用遠離家鄉了。如果加州有像貝爾實驗室這樣的機構，你學成也可以回來。我正在努力讓史丹福趕上麻省理工學院，你若能回來建立媲美貝爾實驗室的企業，一定可以讓我們加州超越東岸的麻州、紐約！」

其實蕭克利這陣子問過幾位貝爾實驗室的前同事，但在碰了軟釘子後，心意已有所轉變，開始認真考慮回來將實驗室設在家鄉，順便多陪老媽，彌補這二十幾年的聚少離多。現在特曼這番話更激起他超越老東家的雄心，他凝視著史丹福工業園區的空地，想像自己的公司與廠房在陽光下閃耀的樣子。

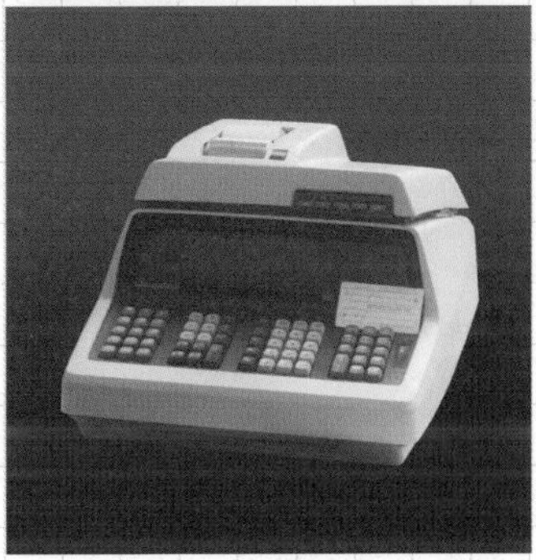

惠列特與普卡德被認為是第一位被特曼說服，留在史丹福創業的畢業生，他們當初創業發跡的後院車庫（上圖），也被視為是矽谷的誕生地。兩人在車庫開業的第一個商品是一臺用來檢查音源器材的音頻振盪器 HP 200A（中圖），並且成功賣給迪士尼公司。之後也開發出世界第一臺個人電腦 HP 9100A（下圖）。

車庫精神Garage Spirit

惠列特和普卡德的車庫創業並非偶然，後來蘋果、Google、美國亞馬遜也從車庫起家，成為現在知名的科技公司。由於大學生或是初出社會的新鮮人沒有充裕的創業基金，只能租借或是窩在家中的車庫，用手邊的各種工具和資源，打造出未來的產品雛型。而這樣自由、無畏、充滿創意的精神，也成為矽谷創業的基礎。

BIRTHPLACE OF "SILICON VALLEY"
THIS GARAGE IS THE BIRTHPLACE OF THE WORLD'S FIRST HIGH-TECHNOLOGY REGION, "SILICON VALLEY." THE IDEA FOR SUCH A REGION ORIGINATED WITH DR. FREDERICK TERMAN, A STANFORD UNIVERSITY PROFESSOR WHO ENCOURAGED HIS STUDENTS TO START UP THEIR OWN ELECTRONICS COMPANIES IN THE AREA INSTEAD OF JOINING ESTABLISHED FIRMS IN THE EAST. THE FIRST TWO STUDENTS TO FOLLOW HIS ADVICE WERE WILLIAM R. HEWLETT AND DAVID PACKARD, WHO IN 1938 BEGAN DEVELOPING THEIR FIRST PRODUCT, AN AUDIO OSCILLATOR, IN THIS GARAGE.
CALIFORNIA REGISTERED HISTORICAL LANDMARK NO. 976
PLAQUE PLACED BY THE STATE DEPARTMENT OF PARKS AND RECREATION IN COOPERATION WITH HEWLETT-PACKARD COMPANY, MAY 19, 1989.
THIS PROPERTY HAS BEEN LISTED IN THE
NATIONAL REGISTER OF HISTORIC PLACES
BY THE UNITED STATES

八騎士
招募檔案

極機密 TOP SECRET

蕭克利被特曼說服回鄉設立公司。1956 年 2 月，蕭克利半導體實驗室正式成立並進駐史丹福工業園區。不過興建廠房與辦公大樓還需要一些時日，蕭克利只能先在距離園區幾公里遠，租了一個 70 坪大的鐵皮屋，稍加改裝後作為臨時辦公室。只是公司雖然成立，但員工卻遲遲無法到位……

檔案管理人	[redacted]

公司成立之初只有四名員工，這是因為過去幾個月，蕭克利仍將招募對象設定在貝爾實驗室的同事，畢竟他們最有經驗，可以快速上手，孰料最後只有兩人願意加入，有位已經搬來加州。在柏克萊教書的前同事也不為所動，但推薦了一位指導過的博士給他。就這樣，再加上一位從雷神公司跳槽過來的博士，蕭克利一開始只有四名研發人員。

蕭克利只好多管齊下找人，同時把目光轉向雖沒相關經驗但天資聰穎的人。他在報紙雜誌刊登徵才廣告、受邀演講時順便宣傳徵人，並透過業界與學界的關係打聽有哪些優秀的人，然後主動約他們當面會談，總算在半年內聘僱了十幾位三十歲上下的青年才俊。當年蕭克利在貝爾實驗室擔任聘僱長，獨具慧眼，拔擢了許多人才，如今他再次展現精準眼光，所錄用的這批人才日後都成為半導體產業的要角，其中八人更是史丹福工業園區後來擴展為矽谷的關鍵人物。

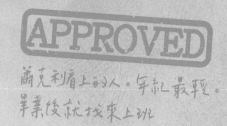

APPROVED

File No. **001**

蕭克利看上的人。年紀最輕。
畢業後就找來上班

姓名 **拉斯特 Jay Last**

性別 **男**　出生年 **1929 年**

學經歷 **1. 紐約羅徹斯特大學畢業**

2. 柯達公司大學實習生，負責光學儀器檢測

3. 麻省理工學院物理博士

專長 **光學**

面試紀錄

攻讀博士時，因實驗室採用貝克曼儀器最新研發的光譜儀，在操作時常遇到問題，因此常與貝克曼的工程師密切討論，研究如何改善，因而被邀去當實習生，令貝克曼刮目相看。貝克曼在 1955 年冬天把他介紹給蕭克利，面試後蕭克利相當中意這個聰明伶俐的小學弟。[redacted]

備註

根據本人表示，原本沒想過離開從小生長到大的東岸，況且也已經通過貝爾實驗室的面試，但與蕭克利見面後改變了想法。他日後回憶當時的心情：「天哪，我從沒見過這麼聰明的人。我改變了整個生涯規劃，告訴自己一定要去加州和這個人工作。」於是拉斯特第二年 5 月便前往蕭克利半導體實驗室報到。[redacted]

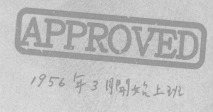

APPROVED

File No. 002

1956年3月開始上班

姓名 羅伯特 Sheldon Roberts

性別 男　出生年 1926年

學經歷 1. 麻省理工學院博士

2. 道氏化學工作

專長 冶金

面試紀錄

羅伯特的指導教授告訴蕭克利：「他是我教過最聰明的學生。」道氏化學公司主管也給予他極高的評價，因此羅伯特順利通過蕭克利的面試。[redacted]

備註

[redacted]

APPROVED

File No. 003

1956年4月1日開始上班

姓名 諾宜斯 Robert Noyce

性別 男　出生年 1927 年

學經歷 1. 麻省理工學院博士

2. 飛歌（Philco）公司主管

專長 電晶體

面試紀錄

在愛荷華州長大，從小展現數理長才，高中就到大學旁聽物理課，還會自己組裝真空管收音機。進了大學後更成為文武雙全的風雲人物，除了學業成績優異，還是游泳校隊、合唱團、樂團、話劇社中的要角，曾代表學校拿到中西部的跳水冠軍。[redacted]

諾宜斯的大學教授蓋爾是巴丁的大學同學，貝爾實驗室發表點接觸電晶體後，蓋爾寫信向巴丁索取樣品。蓋爾收到電晶體後拿到課堂上展示解說，並描繪其巨大潛力。諾宜斯大感震撼，決定投入電晶體的研究，在蓋爾的建議下，到麻省理工學院攻讀博士。1953 年畢業後，諾宜斯決定寧為雞首，放棄了貝爾實驗室、RCA、IBM 等大型企業的工作機會，選擇到費城的飛歌公司擔任主管，研發兩款新型電晶體。雖說是新型，但其實是分別對點接觸電晶體與接面電晶體進行改良，因此當諾宜斯在 1956 年 1 月接到蕭克利的電話時，簡直就像接到神的召喚，當下便答應面試，於4月1日加入蕭克利實驗室。

備註

諾宜斯魅力四射，既得師長喜愛又受同學歡迎，但大三時卻捅了一個大婁子。當時宿舍要舉辦烤肉大賽，一位來自夏威夷的同學懂得如何烤乳豬，於是在大家起鬨之下，諾宜斯帶著幾個人摸黑到附近農場，抓了一隻小豬到宿舍宰殺。不料小豬哀嚎的聲音引來舍監察看，追問之下得知他們的竊盜行為。原本校方以為讓學生主動向農場主人認錯賠償就可了事，孰不知農場主人恰是一板一眼的市長，不肯輕輕放過，揚言提告。相當賞識諾宜斯的物理教授蓋爾知道後，出面斡旋，市長才接受由校方給予諾宜斯停學一學期的處分。[redacted]

APPROVED

File No. **004**

第18號員工

姓名 **摩爾 Gordon Moore**

性別 **男** 出生年 **1929 年**

學經歷 **1. 加州理工學院化學博士**

2. 霍普金斯大學研究員

專長 **化學**

面試紀錄

加州人，自小生長在帕洛奧圖西北方的城鎮，他於 1954 年取得加州理工學院的化學博士後，在加州找不到合適的工作，於是前往位於巴爾的摩的霍普金斯大學做基礎研究。過了一年多，摩爾和也是在加州長大的妻子都想回去加州，同時他也想轉換跑道，改做偏實際應用的研究，於是向美國能源部轄下的勞倫斯利佛摩實驗室（Lawrence Livermore Laboratory）投了履歷。當他收到錄取通知後，原本雀躍不已，但進一步了解後，卻發現工作內容與核子武器有關，決定還是放棄這個工作機會，繼續留在霍普金斯大學。[redacted]

有一天，摩爾突然接到蕭克利的電話。原來蕭克利對於婉拒頂尖機構的應徵者特別有興趣，他跟勞倫斯利佛摩實驗室拿到摩爾的資料，便主動打電話給摩爾，簡介自己創辦的公司，並說明為什麼需要化學家。對摩爾而言，這簡直是美夢成真，於是他通過蕭克利面試後，如願回到家鄉，成為蕭克利實驗室的第 18 號員工。[redacted]

備註

[redacted]

APPROVED

File No. **005**

薪水不拘

姓名 **赫爾尼 Jean Hoerni**

性別 **男** 出生年 **1923 年**

學經歷 **1. 日內瓦大學物理博士**

2. 劍橋大學物理博士

3. 加州理工學院教授

4. 霍普金斯大學研究員

專長 **量子物理**

面試紀錄

於 1923 年在瑞士出生，先在日內瓦大學拿到物理博士學位後，又到劍橋大學鑽研量子物理，取得另一個博士學位。1952 年，他搬到美國，在加州理工學院教書，因而與擔任客座教授的蕭克利結識。赫爾尼因為倦勤想回家鄉，所以打算 1956 年暑假就要搬回瑞士，蕭克利聽到後趕緊找他懇談，結果赫爾尼只問工作內容就答應加入。

備註

[redacted]

蕭克利特地在日誌上寫下他是唯一沒問薪水的人。[redacted]

APPROVED

不是加州理工和
麻省理工校友

File No. **006**

姓名 **格里尼克 Victor Grinich**

性別 **男** 出生年 **1924 年**

學經歷 **1. 史丹福大學的電機博士**

2. 史丹福研究院員工

專長 **電機工程**

面試紀錄

[redacted]

史丹福大學的電機博士，1951 年畢業後即到史丹福研究院（類似工研院，除了自主研究先進技術，也接受政府與業界的委託進行研究評估）任職。[redacted]

備註

[redacted]

並非經由史丹福教務長特曼的推薦，而是看到一則蕭克利特別設計的徵才廣告，破解上面的謎題後才得到面試機會而被錄用。[redacted]

APPROVED

File No. **007**

蕭克利需要有負責製造的工程師
不是加州理工和麻省理工校友

姓名 **布蘭克 Julius Blank**

性別 **男**　出生年 **1925 年**

學經歷 **1. 紐約市立學院畢業**

2. 西方電氣公司製造工程師

專長 **機械工程**

面試紀錄

父母是從蘇聯移民來紐約的猶太人，由於家境不是很好，他半工半讀才念完紐約市立學院。二次大戰時，布蘭克被分派去維修飛機發動機，於是戰後做的也是類似的工作，直到 1952 年才到西方電氣擔任製造工程師，負責第一臺全自動交換機的生產。[redacted]

備註

從西方電氣跳槽。[redacted]

APPROVED

蕭克利需要有負責製造的工程師 年紀最大

File No. 008

姓名 克雷納 Eugene Kleiner

性別 男 出生年 1923 年

學經歷 1. 紐約大學工業工程碩士

2. 西方電氣公司工程師

專長 機械工程

面試紀錄

猶太人，1923 年生於奧地利，15 歲時全家為逃避納粹迫害而搬來美國。他的父親原本在奧地利開製鞋廠就小有積蓄，到美國後改做皮革的大宗買賣，藉由之前建立的人脈掌握貨源，在戰時累積相當財富，和華爾街也搭起關係。克雷納直到戰爭結束才去念大學，1950 年拿到紐約大學工業工程碩士後，到西方電氣工作。

備註

克雷納和布蘭克都不是由蕭克利直接發掘，而是一位同事被蕭克利挖角後，才介紹他們兩人過來。他們雖然沒有博士學位、也不是名校畢業，但因為有著在工廠多年的實作經驗，最後順利通過蕭克利的面試，獲得錄用。

END

--- 以下無資料 ---

就這樣，一群具有不同背景與不同專長的一時俊傑，於 1956 年齊聚在加州山景城聖安東尼路 391 號，準備在蕭克利的領導下大展身手，以創新技術改變世界。但是沒想到才不到一年的時間，事情的發展就完全出乎他們預期，而原本互不相識的這八個人，竟會聯手走上「叛變」之路。

第四章
獨裁暴君

Chapter 04

William Bradford Shockley. The Nobel Prize in Physics 1956. Prize motivati[redacted]
researches on [redacted] the transistor effect"
Am[redacted]ric signals proved decisive for telephony and radio. Fir[redacted], electron tubes were used[redacted]or this[redacted]velop smaller and more effective amplifiers, ho[redacted]ver, it was hoped that semic[redacted]nductors could be used—mat[redacted] and in[redacted]lators. Qu[redacted]ntum mechanics[redacted]o the properties of these materials. In 1947 John Bardee[redacted] and Walter Brattain produced a [redacted]conductor amplifier, which was further developed by Willia[redacted] Shockley. The component was named a "transistor"

真面目

file 4-1

諾宜斯還記得 4 月初與大夥兒初次碰面的情景，那天一大早從鹽湖城出發，奔馳 1300 公里，抵達蕭克利辦的派對已是晚上十點。若不是蕭克利叮囑他務必參加這個迎新派對，自己也不會如此趕路，尤其從費城到鹽湖城已經整整開了三天的車，精神與肉體都疲憊不堪了。

他抵達時已無力整理儀容，直接拖著沉重的腳步推門進去，霎時音樂聲與喧鬧聲迎面撲來，仔細一瞧竟是蕭克利嘴裡咬著一枝玫瑰，正獨自跳著探戈，十幾個與自己年紀相仿的青年在旁尖叫鼓譟。他們和諾宜斯一樣，都是剛加入蕭克利實驗室的新人，他應該要過去打個招呼，但自己實在又累又渴，一看到桌上有一大碗馬丁尼雞尾酒，便拿起來猛灌。

累翻的諾宜斯（右圖）已經提不起勁加入蕭克利（左圖）熱鬧慶祝的公司迎新派對。

最後他只記得心裡告訴自己：「以後一定會很好玩」，接著就不支倒地。

結果在實驗室待了一段日子之後，諾宜斯就發現與原先想像的完全不一樣。首先，這批新進人員除了他之外，其他人根本沒有電晶體的相關經驗，也就是說他有問題只能找蕭克利和兩位老將，而無法和其他同事討論。

好不容易 7 月來了一位加州理工學院的教授赫爾尼，專長是量子物理，諾宜斯若能隨時向他請教，應該會獲益良多。誰知蕭克利竟認為赫爾尼應該專心於矽晶體的摻雜理論，找出氣體擴散法壓力、溫度、濃度等條件的最佳組合，不要被從事實務工作的同事影響，於是在公司附近租個公寓，讓他一個人在裡面上班，不用進辦公室。

還有一些人也常不在辦公室。摩爾被派去伊利諾大學，向巴丁學習半導體的表面態問題；羅伯特、拉斯特等人則是去貝爾實驗室取經。結果前幾個月總是有人不在，讓原本人就不多的辦公室更顯得冷清；諾宜斯在公司迎新派對所勾起大學時的記憶——以為大夥兒會一起切磋、一起玩樂，結果沒想到完全不是這回事。

蕭克利跳著探戈那一幕也帶給諾宜斯錯誤的期待，以為他會像蓋爾教授那樣令人如沐春風，怎知他其實是相當嚴厲的老闆，而且脾氣暴躁又缺乏耐性。諾宜斯已經不只一次看到他突然大發脾氣，甚至當著員工的面狠狠的奚落道：「你確定你博士有畢業？」毫不顧及員工的尊嚴。

不過諾宜斯相信這一切只是暫時的，那些同事學成之後就會回來；而蕭克利也只是因為公司各方面的進展都不如預期，壓力過大才會情緒失控。的確，目前人員招募仍不順利，到 8 月底時，全公司仍只有 32 人。除了員工缺少又經驗不足的問題，還有個更重大的阻礙——買不到生長晶體的設備。

由於電晶體才剛問世沒幾年，市場規模還不大，自然不會有這方面的設備製造商，像雷神、德州儀器這些電晶體廠商，都是自己從頭一手包辦，而他們當然不願意把技術透露給競爭廠商知道。

雖然貝爾實驗室樂意提供相關知識給取得授權的廠商，但他們的長晶技術只是用來製備小量樣本，並不適合大量生產。即使貝克曼已經付了二萬五千美元取得授權，蕭克利私下也與貝爾實驗室的高層關係匪淺，但是他們仍得自己著手設計長晶設備。負責設計的人雖是來自貝爾實驗室的兩人之一，但他中途竟然憤而辭職；再者，接手的人不久後也另謀高就，逼得蕭克利自己跳下來，一起和具有冶金背景的羅伯特繼續研發長晶設備。

關鍵設備一波三折，人員青黃不接，也難怪蕭克利按捺不住情緒，搞得辦公室氣壓低迷。但充滿正能量的諾宜斯仍發揮一貫的領袖魅力，一方面分享專業知識給同事，一方面也扮演上層與員工間的溝通橋樑，試圖弭平兩者之間的衝突，他相信不久之後一切就會步上正軌。

然而其他同事並未像諾宜斯如此樂觀正面。例如：羅伯特接手長晶設備的研發後，認為原本的設計不夠好，想要加以變更，但蕭克利只想要設備趕快運作，好早點造出晶圓，因此不斷否定他的提議，讓羅伯特深受挫折。

還有赫爾尼，他自己一個人獨自關在公寓裡工作，日子久了實在受不了，一心想要回到辦公室上班，但是蕭克利卻始終不答應，讓他十分沮喪。

而最年輕的拉斯特最常受到蕭克利不留情面的斥責，有次蕭克利答應幫他加薪，卻又譏諷他嫌薪水低，當初就不應該答應這份工作。

摩爾也少不了蕭克利的責罵，不過相較於其他人敢怒不敢言，摩爾卻能毫無懼色的據理力爭，對於公司的許多安排也敢公開表示不以為然。

滿腔怨氣的還有很多人，大家不免私下互吐苦水、抱怨蕭克利的暴政。最後摩爾、拉斯特、赫爾尼、羅伯特、格里尼克這五位博士，與負責製造的兩位工程師克雷納、布蘭克，這七個人彼此最聊得來，常一起在格里尼克的家中聚會，儼然成為一個改革派的小團體，而摩爾則是大家默認的領導人。

他們雖然欣賞諾宜斯這個人，在同事互相評比時都給予他最高分，但並不認同諾宜斯的樂觀看法。就算蕭克利是因為目前的困境才情緒失控，但公司最大的問題並不在於他的火爆脾氣，而是他的用人哲學與管理方式。

當初他們每個人與蕭克利面試後，都被要求前往紐約一家機構做智力測驗與性向測驗，當時並不覺得有何不妥，但如今回想起來，大家都是名校的碩士、博士畢業，何須再做智力測驗？性向測驗也是，又不是還在求學階段，為什麼不直接看他們工作上的實際表現，而要用那些莫名其妙的問題來評斷誰適合在哪個位置？

摩爾便自嘲自己肯定升官無望，因為拿到博士學位後，道氏化學原本答應給他管理職，但性向測驗顯示他不適合當管理者，只肯給研究員職位，因此他才轉而去霍普金斯大學。如今在蕭克利實驗室恐怕又要栽在性向測驗上。

格里尼克也分享面試時的趣事。蕭克利曾懷疑他可能是靠別人幫忙，才破解徵人廣告上的加密文字，所以面試時又故意出了一道數學題目，不過格里尼克眨眼間就答對。沒想到蕭克利竟厲聲質問他是否之前就聽過這題目，格里尼克理直氣壯的答說沒有，但心中已警覺到蕭克利的惱怒。他不確定是否因為自己表現太過聰明，於是在蕭克利出下一道題目時，故意想了一會兒後答不出來，果然蕭克利就舒緩了眉頭，緊繃的氣氛馬上消失不見。

看來蕭克利一方面想招攬頂尖人才，一方面又不喜歡有人比他聰明或是跟他一樣聰明。很明顯的是，蕭克利對於他們這批博士特別嚴厲，但對於負責製造的工程師就沒發過脾氣，像是克雷納與布蘭克就沒受過他責罵。除了蕭克利的情緒與態度問題，令摩爾他們不滿的還有信任問題，每當他們向他報告與貝爾實驗室討論後的結果，他仍不相信，還要親自再向貝爾實驗室的人確認一遍。

此外，蕭克利也不讓他們知道完整的產品細節，只說是以矽打造的電晶體，要他們做好自己手上的事，而且不准和別的部門討論工作內容，彷彿深怕有人掌握全貌而成為威脅似的。蕭克利的不安全感其來有自，他仍無法忘懷當年在貝爾實驗室被巴丁與布拉頓超越的慘痛教訓，為了避免重蹈覆轍，才把這些負責研發的員工當成潛在競爭者在防範。摩爾他們不知道這段歷史淵源，當然無法理解為什麼表面看似令人景仰的大師，真面目會是如此糟糕的老闆。

眼看蕭克利實驗室就要在諸多不順卻又未能同心協力的情況下，蹣跚的走過第一年；然而，接近年末的 11 月卻突然捎來一個意外的喜訊，打破了辦公室裡緊繃的關係，也讓低迷的氣氛一掃而空。

Knowledge +

知識+ 蕭克利的面試題目

蕭克利在面試格里尼克時，出了一個題目，想要考驗看看他究竟是不是真材實料？不妨你也來挑戰看看！

題目：

有 127 位選手參加網球比賽，賽制是單淘汰賽，一共要比賽幾場才會產生冠軍？

解答：

一般人會採逐步淘汰的思考方式：比賽一共有 127 位選手，第一回合就需要進行 63 場比賽（127÷2），最後剩下 64 位勝利者；接著第二回合再進行 32 場比賽，再淘汰一半，剩下 32 位勝利者。之後以此類推，直到剩下最後一人，也就是冠軍，最後累加所有的比賽場數：63 ＋ 32 ＋……＋ 1 ＝ 126 場。

然而格里尼克顯然不是這樣的思路，他回答蕭克利：「很簡單啊，每場比賽淘汰一個人，所以一共要比 126 場才會淘汰 126 人，剩下一位冠軍。」但這樣聰明的想法並沒有獲得蕭克利的讚賞，反而讓他更加懷疑。

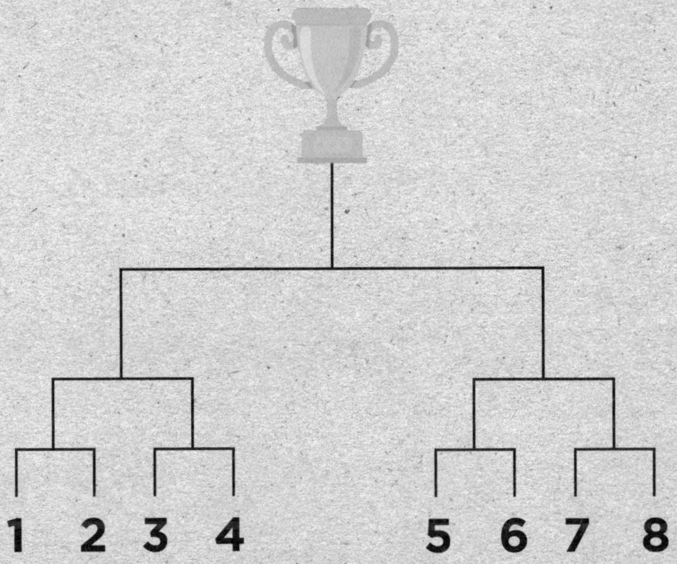

如果將比賽簡化成 8 位參賽者，從賽程表上就可以很直覺的看出，只要 7 場比賽就可以分出勝負，決定冠軍。

諾貝爾獎也止不住怨氣

file 4-2

1956 年 11 月 1 日清晨，蕭克利家中的電話突然響起，他納悶是什麼緊急的事，結果接起電話，另一頭一個陌生的聲音竟然恭喜他，告知他和巴丁、布拉頓三人共同獲得諾貝爾物理獎。不久之後，電話鈴聲不斷響起，都是打來恭賀他的，原來當天的報紙已經刊出這個喜訊。當蕭克利走進辦公室時，五十幾位員工立刻簇擁上來，熱烈的掌聲久久不息，興高采烈的情緒將辦公室長久以來的緊繃氣氛一掃而空。

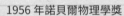

1956 年諾貝爾物理學獎

威廉・蕭克利　　約翰・巴丁　　華特・布拉頓

表彰「對半導體的研究和發現電晶體效應」。

瑞典皇家科學院

第二天中午，蕭克利包下附近一間餐廳，全體員工齊聚一堂歡慶這個最高榮耀，貝克曼也特地從洛杉磯過來祝賀。大家開懷暢飲，除了感到與有榮焉外，還有一種如釋重負的感覺。是的，對身為出資者的貝克曼而言，這不僅更加確認電晶體的前景可期，也證明自己有識人之明。對這群員工而言，原本這段日子以來的諸多不順，讓他們開始心生懷疑：加入蕭克利這家新創的小公司，究竟是不是正確的選擇？如今諾貝爾獎彷彿是顆定心丸，讓他們對公司未來重燃信心。

蕭克利本人更是志得意滿，除了各家媒體爭相採訪，還有大學與重要機構邀請他去演講，當然也少不了大大小小的宴會與飯局。這些社交活動接踵而來，幾乎佔據了他的生活，他就這麼一直忙到 12 月上旬前往瑞典參加頒獎典禮。

這段期間蕭克利不常在公司，在的時候也因心情大好對員工和顏悅色，不再口出惡言；大家士氣高昂，包括摩爾等人也受到影響。他們過去的不滿被眼前的樂觀氣氛沖淡，就連對蕭克利的觀感也有所轉變：一個舉世公認的天才肯定想得更深、看得更遠，或許工作上的一切安排自有他的用意，只是初出茅蘆的他們目前尚不明白。至於他的情緒問題，天才總是有怪脾氣嘛。

巴丁與布拉頓也捎來祝賀，他們三人到了瑞典還一起喝酒，頗有一笑泯恩仇的味道。諾貝爾獎典禮結束後，蕭克利又在歐洲繞了一圈，回到美國已是聖誕節前。九年前正是這個時候，他下定決心要超越巴丁與布拉頓兩人，才發明出接面式電晶體，證明了自己的能耐；如今他回想起來，不禁感慨萬千。

照理說，獲得科學界的最高榮譽後，蕭克利的學術地位已無庸置疑，他應該可以專注於事業，趕快做出產品，讓公司在電晶體產業中占有一席之地。孰料他領了諾貝爾獎後，反而不滿足於既有計劃，做出一個相當冒進的決定。

蕭克利原先的計劃是要製造場效應電晶體。當初這個構想因為表面態問題無法克服而作罷，但如今已經有解了。貝爾實驗室的弗若需（Carl Frosch）和德瑞克（Lincoln Derrick）於 1955 年在高溫下以擴散法在矽晶體摻入雜質時，不小心跑入水蒸氣，結果在矽晶體表面形成一層玻璃般的二氧化矽。他們發現磷和硼無法穿透二氧化矽，那麼只要在這層二氧化矽上蝕刻出開口，再進行磷或硼的摻雜，便能極為精確到控制矽晶體的哪個部分要做成 n 型矽或 p 型矽。這項技術大幅提升生產效率與精密程度，澈底改變了矽晶圓的製造方式。

雖然他們直到 1957 年獲得專利後才對外發表，但蕭克利因為與貝爾實驗室高層的特殊關係，在今年公司成立之初就得知這個發現，隨後並取得相關技術文件。他很快看出二氧化矽除了用於摻雜，或許還可以讓他當初構想的場效應電晶體成真。

之前一直無法成功，是因為矽晶體表面的矽原子缺少共用電子對，電子被電場吸引到表面後，便填補進去而動彈不得，以致無法產生電流。現在矽晶體表面多了層二氧化矽，二氧化矽的電子與表層的矽原子共用，矽原子最外殼層填滿後，被電場吸引到表面的電子便不再落入其中，可以自由移動而形成電子通道。而且由於二氧化矽是絕緣體，用來施加電場的金屬板甚至可以直接附著在上面，做成結構更加穩固的場效應電晶體。

蕭克利不想大聲張揚，免得貝爾實驗室得知後，以他們的人力與資源，一定很快就會做出場效應電晶體。因此，他只告訴包括諾宜斯在內的幾位重要幹部，以免那些正在貝爾實驗室受訓的新進員工把構想傳了出去。

蕭克利希望贏在起跑點，哪知過了大半年，公司連最基本的長晶設備都還沒搞定，如今眼看就要邁入 1957 年，他還有機會率先達陣嗎？貝爾實驗室人才濟濟，早晚會有人想到用此技術開發場效應電晶體，屆時他們再把技術授權出去，而他的公司仍未成功的話，豈不要與其他電晶體廠商一起競爭？

這不僅是否能夠贏過其他廠商的問題，更是關乎他創業的初衷。他創立蕭克利半導體實驗室可不是要光靠別人的技術來生產銷售電晶體，而是要引領技術創新，最終在半導體領域占有與貝爾實驗室同等的地位；這也是他將公司名稱冠上「實驗室」這個詞的用意與期許。

如今場效應電晶體恐怕已無望拔得頭籌，他決定要推出另一種全新的電晶體「四層二極體」，作為蕭克利半導體實驗室的代表作，也才不會辜負諾貝爾獎得主這個頭銜。

關於四層二極體，蕭克利已經思考好一段時日了。目前的點接觸電晶體與接面電晶體，或是很快就會問世的場效應電晶體，都是具有訊號放大功能的三極體；但其實有很多應用只需要整流與開關功能，並不需要放大訊號，所以二極體就夠用了。

甚至有些應用所使用的電流超過電晶體的負載範圍，因此無法使用二極體，只能繼續用傳統的零件，例如：AT&T的電話交換機仍是靠電磁鐵來切換開關，還有軍方的許多武器系統也都是如此。

傳統二極體是 p-n 兩層架構，這樣的確做不出承載大電流的二極體，也因為侷限於這樣的思維，目前還沒有人著手開發，但蕭克利心中已經有腹案了。理論上只要再多加兩層，變成 n-p-n-p 四層，就有辦法做出用於電話交換機與武器系統的二極體，屆時他不僅能再次證明自己才是最頂尖的（而不只是共享諾貝爾獎的三人之一），公司也可以做到獨門生意而迅速茁壯，吸引更多人才。

1957 年新年假期結束，大家回到辦公室後仍充滿幹勁，一方面是公司上下對半導體都已經有相當程度的了解，不再是毫無經驗的雜牌軍；另一方面則是原本延宕的時程終於有所進展，長晶設備已快完工，也掌握了擴散法的摻雜技術。

在這新的一年之始，遠行半個多月的老闆戴著諾貝爾獎桂冠回來，每個人都期待在他的領導下，公司很快就能推出電晶體，讓大家都能揚眉吐氣。沒想到，他們等到的卻是與期待完全相反的指示：蕭克利不但沒有要全力衝刺原計劃「場效應電晶體」，盡快推出產品；反而要調派一半人力去開發「祕密武器」——四層二極體。

大家一片錯愕，不懂蕭克利在想什麼，公司連一樣產品都還沒做出來，就要再開發一個不知何時才能成功的新產品！不僅如此，蕭克利輕忽製造生產的個性，也影響公司管理。他引用歷史上的例子指出：頂尖的科學家總是能發表大量論文，展現自己「能見人所不能見」。於是他將論文的產出數量，當作評估研發團隊的績效標準。

這個政策在貝爾實驗室那樣的大型機構或許可行，但目前盡快邁入生產銷售才是公司當務之急。蕭克利以論文當考績指標，只會迫使大家把研究創新當作第一優先，而不是解決實際的製造問題。

另一方面，蕭克利又認為決定性的創見總是出自少數的天才，而公司裡此一角色自然非他莫屬。因此，要求所有論文題目必須先徵詢過他，甚至由他指定，結果就是每篇論文的共同作者都有蕭克利的名字，讓研究人員相當不滿。

蕭克利的產品策略與考核標準顯然分不清輕重緩急，加上他又故態復萌，動輒大聲斥罵或冷嘲譏諷員工，使得好不容易凝聚的士氣又大受打擊。

這一次，許多人已不想再忍受，一股暗潮正在匯集，而蕭克利卻絲毫未覺。

密謀

file_4-3

「我不幹了！」羅伯特一進門就對著在座的摩爾等五人大吐怨氣。

大家滿臉狐疑盯著羅伯特，他一屁股坐下，接過格里尼克遞來的酒，喝了一口後才接著說：「今天又跟蕭克利吵了一架，我實在氣不過，當面告訴他老子辭職不幹了！」

大家原本嘲笑他一時衝動，怎知羅伯特竟表示他是認真的。

拉斯特這時也說出：「其實赫爾尼也提出辭呈了。」

大家紛紛表示驚訝：「怎麼會？他不是最受蕭克利倚重嗎？」

「對啊，蕭克利現在最重視論文，他應該更吃香啊。」

「他該不會也被羞辱了一頓吧？」

拉斯特說明原委：「主要還是赫爾尼受不了一個人關在公寓裡工作，感覺像囚犯似的。我不是先在他那裡邊暫住、邊慢慢找房子嗎？他大概是不想晚上也沒人陪，一直勸我繼續住著，說這樣還可以省錢。現在他終於決定告別這種生活，要回歐洲教書去。」

「唉，我也早就想走了，要不是加州沒有其他半導體公司的話……」格里尼克感嘆道。

其他人也紛紛附和，突然一直沒說話的摩爾開口了：「乾脆我們集體辭職。」

這句話讓大家都愣住了，一時鴉雀無聲。摩爾站起來繼續說道：「你們看，我們幾個的專長從晶體生長、晶圓測試、電路設計，到製程規劃都有，幾乎涵蓋了開發及製造電晶體的每個階段。至於最困難的摻雜部分，如果專精擴散理論的赫爾尼願意加入，我們這個團隊一定有很多公司搶著要。」

大家的眼睛都亮了起來，但馬上又想到各種困難：「我們的工作經驗不到一年，真的會有人要嗎？」

「除了貝爾實驗室，我們又不認識其他業者，要怎麼跳槽啊？」

「就算主動去敲門，蕭克利人脈這麼廣，會不會消息馬上就傳到他耳中，結果我們工作還沒有著落就先被開除？」

七嘴八舌中，穩重老成的克雷納不急不徐的提出一個方案：「我父親在華爾街還算有點關係，我先請他找個信得過又能幫我們的人。下個月在洛杉磯有個金屬工業展，到時我以看展的名義申請出差去洛杉磯，再從那裡轉往紐約和對方碰面，向他說明我們的專長與計劃。」

大家聽了紛紛點頭同意，於是摩爾做出結論：「好，就這麼辦。羅伯特，你就先別鬧離職了吧。拉斯特，你跟赫爾尼說說我們的計劃，如果他有意願的話，也請他再忍一下。大家都先一起待在公司，別散了。」

1957 年 3 月底，紐約證券商「海頓、史東及夥伴（Hayden, Stone & Co.）」的主管寇以爾（Alfred Coyle）帶著年輕的分析師洛克（Arthur Rock）和克雷納碰面。寇以爾承認自己不懂電晶體，只知道有做成助聽器，所以特地帶著專門研究科技產業的洛克一起來。

洛克是哈佛商學院的企管碩士，雖然不具理工背景，卻比其他人更早看出電晶體的潛力，相信它將澈底改變未來。他與克雷納深聊後，相當看好他們這七人團隊，承諾會積極幫他們找到好東家，要他回去靜候佳音。

一個多月過去，洛克仍未找到有意願投資電晶體的公司，就在摩爾等人信心動搖之際，突然出現一個機會，或許可以讓他們推翻蕭克利暴政，並且無須離開公司。

5 月時，貝克曼特地飛來帕洛奧圖，要蕭克利召集主管一起開會，檢討預算超支的問題。當初設立公司時，蕭克利告訴貝克曼第一年只需投注 50 萬美元，結果到 1956 年底就已經超過 100 萬美元。雖然蕭克利曾向他解釋增添設備、進度延宕等原因，但如今貝克曼自己的公司業績大幅下滑，股價也隨之下跌，他必須設法止血，不能再任由他們毫無節制的花錢。

貝克曼在會中免不了對管理階層有所怨言，誰知心高氣傲的蕭克利竟然又耐不住性子，站起來對貝克曼表示無法接受他的指責，他忿忿的說：「如果你不喜歡我們的所作所為，我可以把這群人帶走，隨便都能找到人支持！」說完就憤而離席，留下目瞪口呆的主管們不知如何是好，只能尷尬的看著貝克曼悻悻然離開。

摩爾等人當晚碰面討論這起事件，最後決定不管要不要離開公司，至少應該讓大老闆知道他們不會跟著蕭克利走，順便向他反映大家其實已經忍氣吞聲很久了。摩爾被推派打這通電話，貝克曼這才知道蕭克利這麼不得人心，當下表示願意和他們見面，當面傾聽他們的心聲。

隨後貝克曼祕密飛來帕洛奧圖，和摩爾等人私下吃飯暢談，也才知道蕭克利竟然另外又要開發四層二極體。後來他們又密會了幾次，到了 5 月 29 日這天，摩爾等人覺得時機已經成熟，大膽向貝克曼提出一項要求：蕭克利必須離開，頂多擔任技術顧問，否則他們就要集體請辭。

貝克曼表示要回去思考如何讓蕭克利有尊嚴的下臺。過了兩天，他請蕭克利夫婦到舊金山與他們夫婦共進晚餐，蕭克利以為這是貝克曼有意示好，沒想到酒足飯飽後，聽到的竟是員工對他的指控。

「這群忘恩負義的傢伙！本來什麼都不懂，現在教會他們，還幫他們發表論文，卻反過來咬我一口。」蕭克利咬牙切齒的問：「是誰？究竟是哪些人？」

「你別再鑽牛角尖了，我們就事論事。大家都反對這時候再去搞沒人試過的四層二極體，為什麼你硬是要做呢？預算嚴重超支，當務之急應該是把原計劃的場效應電晶體做出來，趕快賣出去賺錢吧。」

「你以為我不知道嗎？我這麼做的目的就是早點創造收入啊！ AT&T 和軍方都已經向我預訂四層二極體，海軍那邊還會預付開發費用給我們。」

貝克曼沒料到蕭克利已經談定生意，但仍不放心的問：「問題是來得及做出來嗎？」

「你是要相信我還是相信那些菜鳥？我當然有把握！」

「不過有那麼多人和你勢不兩立，也不能置之不理。他們都跑了，公司也走不下去吧？」

蕭克利沉吟了一會兒，問說：「諾宜斯有在裡面嗎？」看到貝克曼搖搖頭，才如釋重負的說：「他們不喜歡我管，我就不要管，讓諾宜斯帶領他們繼續做場效應電晶體吧，我只負責四層二極體就好。不過，他們得搞清楚，我還是公司的頭！」

「嗯，其實他們言談間對諾宜斯的評價還蠻高的。那我就找諾宜斯來，請他去和那批人溝通協調。」

摩爾等人十分意外貝克曼竟然那麼快就改變立場，不過紐約那邊仍然沒有找到投資人，他們也只能暫時接受這樣的安排。他們只有再多加兩個條件：蕭克利不可再追究哪些人參與投訴，也不得解僱任何人；其次，貝克曼要派人參與經營決策，確保公司邁向正軌。

這起不知該稱為「叛變」或「起義」的事件，表面看起來是落幕了，但風波並未就此平息。

有一天，蕭克利的祕書被他辦公室門上的一根細針刺傷手指，蕭克利大發雷霆，因為他最近半夜都會接到不出聲的電話，所以認定是同一個人故意要害他，而最有嫌疑的當然是不久前想要他走人的那批人之一。

蕭克利決心要把這個人揪出來，眼見無人招認也沒有人檢舉，他竟下令所有人都要接受測謊。多數人都難以接受被當成嫌犯對待，不願接受測謊；在僵持的局面中，摩爾挺身而出，向蕭克利承認就是自己帶頭向貝克曼投訴。如果蕭克利再堅持測謊，除了他們外，還有更多人也都會憤而辭職。

這件事就這麼不了了之。後來才發現門上那根細針原本是大頭針，用來固定一張布告，可能是拿掉布告時不小心扯斷針頭，以致針身留在門上沒人注意到。蕭克利當然不會為這起烏龍事件道歉，但摩爾等人卻更加深離開的念頭。克雷納再次寫信催促洛克，告訴他經過這幾個月，他們距離製造高頻、高功率的電晶體又更進一步了；只要有企業願意投資，他們有把握在三個月內就幫它跨入半導體產業，節省可觀的成本與時間。

其實洛克非常積極的努力尋找，他篩選了 35 家可能的企業，親自一一拜訪，卻沒有一家有興趣成立半導體事業部。洛克這才發現電晶體還太新穎，大部分人仍看不出它的潛力，不願貿然投資。就在他心灰意冷之際，有人建議他去找一家他從未想過的公司——「費爾柴爾德攝影器材與儀器（Fairchild Camera and Instrument）」。

1957 年 7 月，洛克抱著姑且一試的心理前往拜訪，沒想到竟然相談甚歡，他們不但願意投資，而且對合作方式持開放態度，在公司內成立事業部或是另成立一家獨立的新公司都可談。洛克立刻通知克雷納這個好消息，並表示他和主管寇以爾會飛來舊金山，和他們七人討論可能的方案。

諾貝爾獎與慣老闆，雙面人蕭克利

蕭克利雖然是天才中的天才，更獲得諾貝爾獎的肯定，不過內心卻是非常狹隘與自傲。這讓當初仰慕他才華而加入的員工們非常失望，當美好的理想與殘酷的現實碰撞下，這些員工也只能認清這位慣老闆，尋求其他出路了。

八叛徒

file 4-4

舊金山克里夫特飯店裡，摩爾等七人聚精會神的聽洛克介紹費爾柴爾德這家公司。「費爾柴爾德」一名正是創辦人雪曼（Sherman Fairchild）的姓，雪曼本身也是發明家，大一時就發明了快門和閃光燈同步的相機。當時正是第一次世界大戰期間，他認為自己有能力改善空拍相機，大學還沒畢業就央請老爸帶他去白宮爭取軍方支持開發。

白宮？他老爸是什麼大人物嗎？沒錯，他老爸不僅是眾議員，還是 IBM 的共同創辦人，在托馬斯・J・華生（Thomas J. Watson）當總裁時擔任副總裁，政商關係良好。反正這也不是什麼大案子，軍方就撥了 7 千美元給費爾柴爾德，結果他後來又跟老爸拿了 4 萬美元，才把東西做出來。

有個富爸爸真好！是啊，他後來繼承父親遺產，到現在仍然是 IBM 最大的個人股東。不過他可是憑自己實力另闢江山，空拍設備只是起點，之後他越做越大，1924 年還成立航空公司，直接製造整架飛機。三年後，攝影器材部門脫離出來成一家獨立的公司，現在不只做軍方的生意，還生產印刷機、照明設備與各式測量儀器，其中很多都是他自己發明的。另外他還有許多發明，後來也分別發展為一家家公司。

聽到費爾柴爾德是發明家，讓摩爾等人安心許多，感覺他應該會比一般大老闆更尊重研發人員。不過隨即有人提醒：「別忘了蕭克利也算是發明家。」

大家立刻彷彿被潑了桶冷水，此時洛克的主管寇以爾露出神祕的微笑說道：「如果你們自己就是老闆呢？」

大家一聽都愣住了，一時還無法消化這句話的意思。

洛克進一步解釋：「我知道你們本來設想的是投靠某個大企業，就像蕭克利在貝克曼儀器底下成立實驗室。這的確是最單純的方式，不過就如你們所擔心的：萬一費爾柴爾德是另一個蕭克利呢？要避免這樣的問題，唯一的方法就是你們自己創立公司、自己當老闆，這樣也能獲得更大的回報。」

這番話立刻引起大家議論紛紛：「他願意讓我們占大股？」、「我們哪拿得出那麼多錢？」、「我們只懂研發，哪懂經營管理？」……

寇以爾清清喉嚨，站起來說：「不用擔心，事實上我們現在談到的條件遠超乎你們預期。原則上新公司你們占八成股份，我們證券公司占兩成，每股 5 美元，共 1 千股，所以你們每人只要準備幾百元就行了。至於新公司營運所需的資金，費爾柴爾德攝影器材願意提供一百萬，當作是給公

雪曼・費爾柴爾德所研發的空拍設備不僅在飛機上使用（上左圖），甚至也隨著太空人登上月球（上右圖）。不僅如此，費爾柴爾德還成立飛機公司，替美國設計與生產許多戰機（中下圖）。

司的借款。不過，未來他們有權將這筆借款轉為股份，也就是吃下你們的持股，每股金額會視當時營運狀況算出合理價格。」

洛克跟著提出利弊分析：「你們或許想到辛苦創立的公司一旦失去很可惜，但想想你們原本計劃寄人籬下，也只是領薪水而已，本來就沒有股份。現在這個方案即使後來讓費爾柴爾德買下公司，我估計到時你們應該可拿回兩、三百萬，到時看是要繼續留下來工作，或是拿這筆錢另起爐灶都可以。」

摩爾等人交頭接耳討論，都覺得不會有比這更好的條件了，一致同意接受。

不料寇以爾卻馬上拋出一個問題：「不過，你們都才初出茅廬，沒有一個有領導管理經驗，這在公司營運上確實會有不小風險，投資者也會有所疑慮。你們能再拉一個資深主管加入嗎？否則的話，這個案子或許不會成。」

摩爾等人面面相覷了幾秒鐘後，兩、三個人不約而同的喊出「諾宜斯」這個名字，其他幾人也立即點頭贊同。是的，諾宜斯之前在飛歌就擔任電晶體的研發主管，現在則帶領場效應電晶體小組，以他的經驗與能力，來帶領新公司絕對沒有問題。更重要的是，摩爾等人都相當欣賞他的為人與領導風格，樂見他的加入。問題是諾宜斯極受蕭克利器重，也不見他批評過蕭克利，他會願意放棄現有工作嗎？

此時，羅伯特才透露諾宜斯其實對蕭克利也頗不以為然。原來幾個月前他鬧離職時，諾宜斯曾找他深談，他才知道諾宜斯其實並沒有如大家以為的那麼受蕭克利信任，而且也認為現在開發四層二極體是不智之舉。只不過一則是諾宜斯認為大家還是要聽從船長指揮，這艘船才能往前進；再則他已經舉家遷來加州，有妻小要養又有房貸壓力，實在不能失去工作。

寇以爾與洛克見他們對諾宜斯如此推崇，極力鼓吹一定要把他拉進來。老謀深算的寇以爾建議直接訴諸他的痛點，提醒他一旦摩爾等人集體辭職，場效應電晶體的開發製造肯定要停擺好一陣子。蕭克利實驗室只剩前途未卜的四層二極體，究竟能撐多久？屆時恐怕還是難逃失業的下場。於是大家推派羅伯特擔任說客，說服諾宜斯加入他們行列，寇以爾和洛克願意多待一天，等他過來共商大計。

羅伯特當晚去找諾宜斯，諾宜斯聽完後大吃一驚。他原本以為蕭克利做了讓步後，他們幾人已經打消辭職的念頭，沒想到他們仍一直在暗中進行，而且已不是紙上談兵，而是真的找到資金了。

諾宜斯的確很憧憬與他們共同創業，但畢竟這消息實在太突然，一時難以抉擇，因此只表示他會好好想一想，並未給出明確答覆。羅伯特只能拜託他無論如何來飯店一趟，至少聽聽這個計劃以及大家的想法後再說。

第二天諾宜斯準時出現，大家都非常振奮。寇以爾和洛克與他寒暄後，馬上感受到他的從容自信與渾然天成的領袖魅力，難怪他能受到蕭克利器重，同時又是這群人公認帶領新公司的不二人選。

諾宜斯果然隨即扮演起主談者的角色，並提出許多其他人沒有考慮到的面向，最後大家同意原來的計劃過於保守，無論人力或設備都應該再增加，因此也需要更多營運資金。此外為了留住人才，應該額外再增加 300 股，保留給未來的員工認股；這在當時可是相當創新的做法。

寇以爾和洛克回去會盡快安排與費爾柴爾德開會的時間，屆時再由諾宜斯和撰寫計劃書的克雷納與他們一起前往談判。現在就差臨門一腳了，大家都掩不住興奮之情，一起舉杯預祝成功。接著寇以爾突然拿出十張 1 元紙鈔攤在桌上，要大家在每張紙鈔上簽名，然後每個人再各自保管一張，象徵事業成功、財源滾滾，也代表大家對彼此的承諾。

兩個月後，寇以爾與洛克偕同費爾柴爾德攝影器材與儀器的代表飛來舊金山，與諾宜斯等八人在一間律師事務所內，共同簽訂成立新公司「快捷半導體（Fairchild Semiconductor）」的合約。合約明訂新公司共 1325 股，其中諾宜斯等八人各 100 股，海頓、史東及夥伴證券 225 股，另外 300 股將來給員工認股。

費爾柴爾德攝影器材與儀器須提供 1388600 美元作為

營運資金，暫時不佔股份，但有權在公司連續三年都獲利 30 萬美元之前，以 300 萬買下公司全部股份；如果是在三年之後、七年之內才行使此權利，就必須用 500 萬買下。

這份合約讓三方都非常滿意。對諾宜斯等人而言，只需各出 500 元就能創立由他們完全作主的公司，薪水還比在蕭克利實驗室多三成到五成。而即使之後手中持股被買走，他們每人也會增加至少二十幾萬的財富，以將近五百倍的投資報酬率出場，絕對是可以引以為傲的創業楷模了。

寇以爾與洛克所屬的證券公司則因參與認股，未來的獲利將遠大於純粹媒介投資所得到的佣金。這在當時算是首開先例，也幸好有他們在創業初期就介入幫忙，從檢視營運計劃與資金需求，到設計股權結構，讓諾宜斯這群只有技術、沒有資金的研發人員，才能創立自己的公司。其實這種模式就是後來「創業投資（venture capital）」的前身，許多科技公司因此才得以創立，也才有矽谷的蓬勃發展。

費爾柴爾德也樂於此一可進可退的模式。他雖然也看好半導體，但畢竟沒有完全把握一定會成功，以借款的方式，便可設下一個停損點，避免落入深不見底的錢坑。等到日後公司真的成功了，再花三、五百萬買下，絕對值得。

於是在 1957 年 9 月 19 日這天，他們三方簽下這份極具歷史意義的合約，正式宣告快捷半導體成立。手續完成後，他們一行人前往瑞奇飯店（Rickey's Hotel）用餐慶祝。

這裡正是去年諾貝爾物理獎公布後，蕭克利招待全體員工慶祝的地方，諾宜斯環顧周遭，當時歡騰鼓舞的情景猶歷歷在目，誰知不到一年就要分道揚鑣，心中不禁感慨萬千。他暗自思考後，站起來鄭重向大家丟出一個問題：「那麼，要找誰來當總經理？」

大家愣了一下，紛紛表示：「當然是諾宜斯你來當啊。」

諾宜斯搖搖頭，說：「我和你們一樣都是工程師，帶領研發團隊沒有問題，但經營公司還有許多面向，需要有經驗的人來掌舵。」

八叛徒中有幾人繼續勸進，說經驗可以慢慢累積，也可以諮詢費爾柴爾德這邊的人⋯⋯

諾宜斯打斷他們，語重心長的說：「十個月前我們就在這個地方為蕭克利歡呼，那時我們都相信他能帶領公司打下江山，結果證明他並不適任。因為他是個混球嗎？不，主要是他對新技術一頭熱，根本不懂製造、行銷等經營層面的事。在帶人方面我會以他為戒，但在經營面，難保我不會成為另一個蕭克利。」

一片沉寂中，費爾柴爾德的代表開口了：「我贊同諾宜斯的看法。你們現在要挑戰那些大公司，不能再像蕭克利實驗室那種搞法，最好另外找個熟悉半導體產業的人來掌舵。不過這也不是一時半刻的事，這樣吧，我們公司的行銷經理湯姆・貝（Tom Bay）原本是物理教授，應該很快就能學會半導體的知識，他跟空軍那邊也熟，就先讓他過來當行銷副總，再來慢慢物色總經理人選。」

大家聽了都同意這樣的人事安排，隨即開始緊鑼密鼓的展開快捷半導體的籌備工作，包括尋覓廠房、招募人員、洽購機器設備等。由於諾宜斯等人都相當喜歡舊金山的環境，也不想再搬家，因此一致決定將公司設在史丹福工業園區附近。最後他們看上一間空廠房，離蕭克利實驗室不到三公里，裝修期間他們先擠在格里尼克家中的車庫工作，直到 11 月所有設施都就緒了，快捷半導體才終於有正式的辦公室。

總經理一職，最後決定由休斯半導體（Hughes Semiconductor）的工程部經理鮑德溫（Ed Baldwin）接任。休斯半導體主要製造點接觸式電晶體，是當時前幾大的半導體公司，鮑德溫對技術、製造、產業，乃至公司運作都相當熟稔，大家都覺得是極佳人選。果然他於 1958 年 1 月上任後，參考休斯的組織架構與作業流程，迅速為快捷半導體建立公司制度，讓公司一開始就能井然有序，以正規軍的姿態準備進攻半導體市場。

FAIRCHILD
SEMICONDUCTOR®

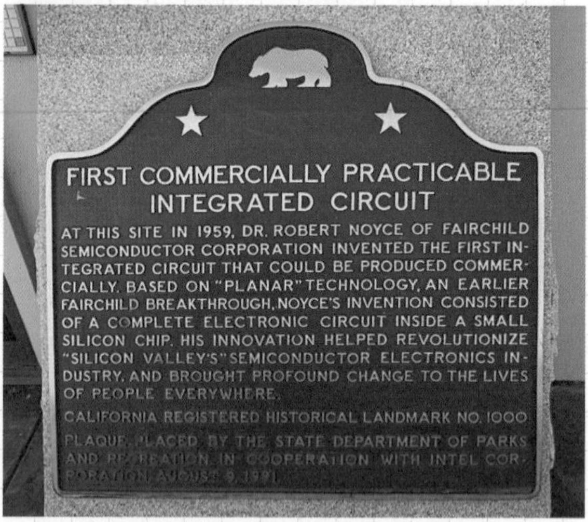

FIRST COMMERCIALLY PRACTICABLE INTEGRATED CIRCUIT
AT THIS SITE IN 1959, DR. ROBERT NOYCE OF FAIRCHILD SEMICONDUCTOR CORPORATION INVENTED THE FIRST INTEGRATED CIRCUIT THAT COULD BE PRODUCED COMMERCIALLY. BASED ON "PLANAR" TECHNOLOGY, AN EARLIER FAIRCHILD BREAKTHROUGH, NOYCE'S INVENTION CONSISTED OF A COMPLETE ELECTRONIC CIRCUIT INSIDE A SMALL SILICON CHIP. HIS INNOVATION HELPED REVOLUTIONIZE "SILICON VALLEY'S" SEMICONDUCTOR ELECTRONICS INDUSTRY, AND BROUGHT PROFOUND CHANGE TO THE LIVES OF PEOPLE EVERYWHERE.
CALIFORNIA REGISTERED HISTORICAL LANDMARK NO. 1000
PLAQUE PLACED BY THE STATE DEPARTMENT OF PARKS AND RECREATION IN COOPERATION WITH INTEL CORPORATION AUGUST 9, 1991.

快捷半導體的公司標誌（上圖）以及辦公室原址（中圖），辦公室原址外還有一個紀念牌（下圖），上面文字說明這裡是歷史上第一間推出商業化積體電路的公司。

八叛徒正式集結

從原先在蕭克利半導體實驗室中備受矚目的八騎士，現在轉眼間已成為蕭克利口中的「叛徒」。此時，蕭克利與八叛徒還沒有意識到，這個看似員工因為不滿公司而出走的日常小事，卻變成改變全世界的關鍵大事。

第五章
原點

Chapter 05

The Intel 4004 is a 4-bit central processing unit (CPU) released by Intel Corporation in 1971. Sold for [redacted] microprocessor, and the first in a long [redacted] traces its history to 1969, when Busicom Corp. approached Intel [redacted]ic calculator. The complexity of the seven-chip design led Marcian Ho[redacted] eral-purpose ch[redacted]sign began in April 1970 under the direction of Federico Faggin aided by Masatoshi Shima, who contributed to the architecture and later to the logic design. The first delivery of a fully operation[redacted] Busicom for its 141-PF printing calculator engineering prototype. General sales began July 1971.

創業不易

file_5-1

誰也沒想到，公司成立沒幾個月，連個成品都還沒有，竟然就有生意上門。湯姆・貝轉來當行銷副總之前，是在費爾柴爾德攝影器材負責銷售空拍設備給美國空軍，與空軍的採購人員一直保持密切聯繫。他最近得知空軍正在開發三倍音速的 XB-70 長程轟炸機，要在上面安裝導航電腦。

然而機艙空間有限，不可能裝上巨大笨重的真空管電腦，唯有用電晶體取代真空管，才能做出夠小的電腦。剛好 IBM 上個月才推出第一臺電晶體商用電腦 608，要改做簡易許多的導航電腦當然不是問題，所以順理成章的拿到這個案子。

XB-70 長程轟炸機是美國在冷戰時期為了深入敵國轟炸所研發的實驗轟炸機，研發過程集結當時代最先進的科技，只不過後來因為高昂的開發費用而中止計劃。

誰知 IBM 用的是鍺電晶體，不耐高溫與震動，平常電腦放在有冷氣的機房裡都沒問題，但放到轟炸機裡三兩下就掛了，他們現在頭痛得很，不知該怎麼辦。貝趕緊告知諾宜斯這個機會，問他能不能做得出來合用的電晶體？

諾宜斯沉吟了一下才說：「鍺的確有這個問題，必須改用矽才行。」

貝興奮的說：「我也是這麼想，才覺得這是我們的好機會。你們之前在蕭克利實驗室不是已經做得差不多了？」

「我們做的是場效應電晶體，還有一些技術瓶頸要克服，不知道 IBM 能不能等？話說回來，德州儀器早就用矽做出接面式電晶體，IBM 為什麼不跟他們拿就好？」

「那就明天跟我去找 IBM 問清楚囉。」

「明天？」

「怎麼，你有事？」

「不是，我們現在還是無名小卒，IBM 這種大公司能說見就見嗎？」

「你忘了費爾柴爾德是 IBM 的大股東？」貝笑著向諾宜斯眨眼睛。

與 IBM 談過後，才知道原來德州儀器那顆電晶體的切換頻率不夠快，不足以應付導航運算。如果快捷半導體有把握在半年內做出來，IBM 願意即刻簽約下單。貝沒想到諾宜斯竟然當場承諾能如期交貨，讓他相當不放心，回程路上趕忙再次確認：「你說的技術瓶頸真能在8月前解決嗎？欸，你可不要仗著有費爾柴爾德頂著，就信口開河先把訂單騙到手再說。」

「我是這種人嗎？」諾宜斯哈哈大笑，接著正經的說：「我沒打算給IBM場效應電晶體，高臺式（Mesa）電晶體就能符合他們的需求了。」

「這又是什麼新玩意？」

「你別擔心，這高臺式電晶體也是一種接面式電晶體，但貝爾實驗室在1955年結合了擴散法和光刻技術，把基極和射極的厚度縮小到2.5微米，因此切換頻率可達100 MHz，給導航電腦用綽綽有餘。」

「那為什麼現在市面上都沒看到？」

「因為貝爾實驗室直到去年才對外發表。但由於蕭克利和貝爾實驗室高層的特殊關係，我們幾個當時就先學會了，現在開始做，應該半年內做得出來。只不過……」

「只不過怎樣？」

「只不過我們還是得自己開發生產設備，如此一來就得擱置場效應電晶體的研發，但這筆訂單才100顆，值得嗎？」

「當然值得。現在沒人能做得出IBM要的電晶體，一旦我們順利交貨，一定會一炮而紅，證明我們的技術能力領先同業，可以爭取更多客戶。」

「只是大家一起創業就是想把場效應電晶體做出來……」

貝看諾宜斯猶豫不決，建議他：「你也不用背負這決策壓力，就交由鮑德溫來決定吧？」

結果總經理鮑德溫的看法與貝一樣，而且擴散法與光刻技術日後製造場效應電晶體也要用到，便下令先全力生產高臺式電晶體，順便當作是練兵。於是八叛徒各司其職：羅伯特負責矽晶體的生長；赫爾尼計算擴散法的最佳參數組合，再交由摩爾進行矽晶圓摻雜，驗證實際結果；克雷納和布蘭克著手打造廠房內的設備器材；格里尼克負責電晶體的測試。諾宜斯與擅長光學的拉斯特則要設法做出不曾有過的光刻設備。

貝爾實驗室只需做出樣品，證明技術可行，不會去想如何大量生產，也就沒有現成的製造設備可供參考。諾宜斯與拉斯特不但要設計出可以量產的光刻設備，還得確保給 IBM 的 100 顆電晶體都一模一樣，而高臺式電晶體的精密度又這麼高，更是一大挑戰。

他們先組裝出基本的光刻設備後，再結合步進馬達，讓矽晶圓照完一次紫外光後，精確的移動位置，再進行下一顆電晶體的曝光。如此不斷重複進行，直到掃完整片矽晶圓，便能迅速做出品質一致的電晶體。這套系統成為現今「步進式曝光機（step-and-repeat camera，簡稱 stepper）」的原型，是所有微影製程的必要設備。

經過半年的努力，他們終於在 1958 年 8 月順利交貨給 IBM，果然也打響了快捷半導體的名號。不料，他們才興高采烈的準備要進攻更多客戶時，竟傳來 IBM 抱怨不良率太高，很多顆電晶體裝到電腦上都出了問題。

諾宜斯等人都毫無頭緒怎麼會這樣。所有電晶體在出貨前都經過高溫與震動測試，確定是好的才裝箱寄出去，而且每顆電晶體都用金屬外殼密封起來，只留三根接腳在外面，不可能因運送不當而損壞，為什麼到了IBM手上會是壞的？

他們把退回來的電晶體一一拆開金屬外殼，仔細檢查，結果發現有細小的金屬碎屑附著在電晶體表面，只要把它們清除掉，電晶體就恢復正常了。進一步測試後，發現原來金屬碎屑恰好落在基極與射極的 p-n 接面上，改變了電晶體的導電性，不但影響訊號放大效果，還會造成漏電。問題是金屬碎屑到底是從哪兒來的？

經過反覆實驗，他們終於發現只要輕拍密封的金屬外殼，就可能造成表面烤漆或是密封銲接處的金屬碎屑脫落。也就是說，即使再生產一批電晶體，把不良品的缺額補給 IBM，甚至多給一些作為備用，但等到電晶體裝入電腦，上了飛機之後，還是隨時可能發生同樣狀況。屆時不僅會失去 IBM 這重要客戶，恐怕也沒有其他公司敢和他們合作。

他們再次拜託費爾柴爾德出面，請 IBM 多給他們一些時間設法解決。然而高臺式電晶體的基本構造就是這樣，而當時又沒有其他更好的密封方式，日子一天天過去，大家絞盡腦汁卻仍然想不出辦法，眼看公司生死存亡的關頭就迫在眉睫……

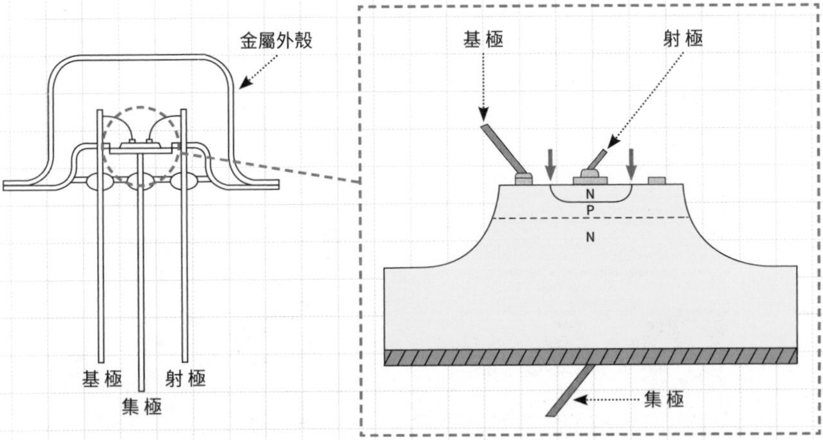

交貨給 IBM 的高臺式電晶體（左圖），與內部放大結構（右圖）。諾宜斯等人後來發現高臺式電晶體的金屬外殼碎屑，掉落到電晶體的 p-n 接面上（紅色箭頭處），改變了電晶體的導電性。

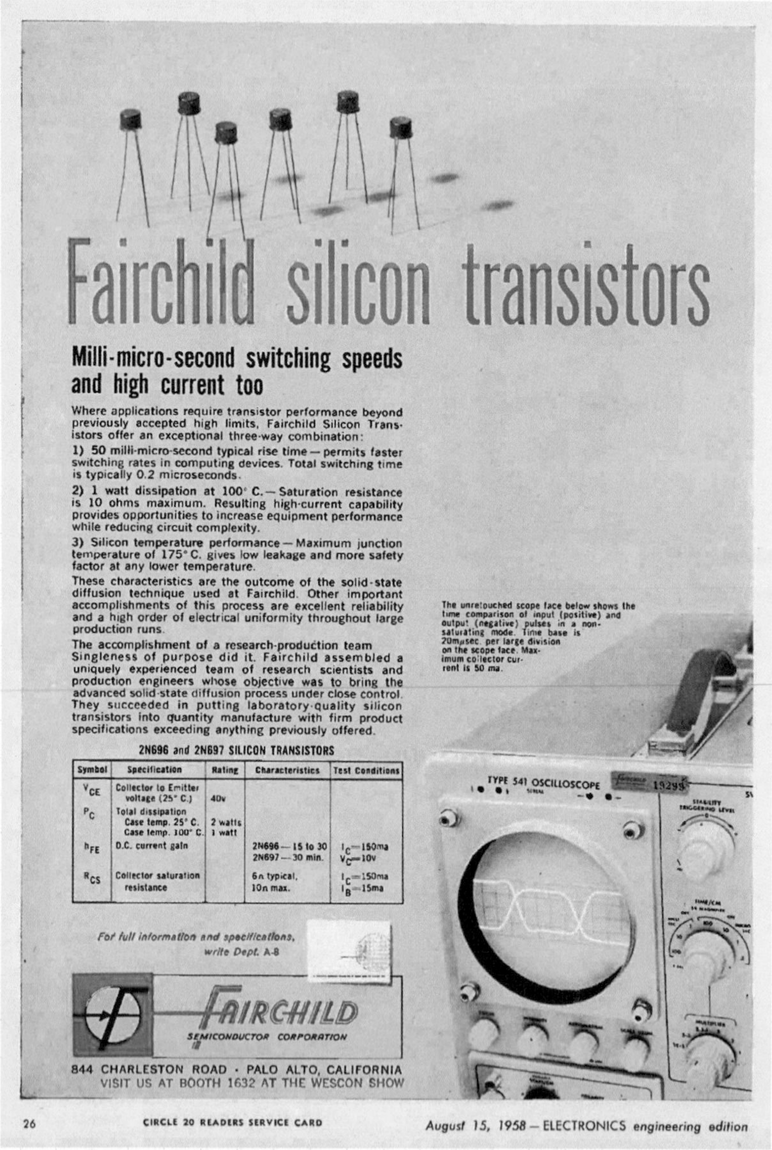

Fairchild silicon transistors

Milli-micro-second switching speeds and high current too

Where applications require transistor performance beyond previously accepted high limits, Fairchild Silicon Transistors offer an exceptional three-way combination:

1) 50 milli-micro-second typical rise time — permits faster switching rates in computing devices. Total switching time is typically 0.2 microseconds.

2) 1 watt dissipation at 100° C. — Saturation resistance is 10 ohms maximum. Resulting high-current capability provides opportunities to increase equipment performance while reducing circuit complexity.

3) Silicon temperature performance — Maximum junction temperature of 175° C. gives low leakage and more safety factor at any lower temperature.

These characteristics are the outcome of the solid-state diffusion technique used at Fairchild. Other important accomplishments of this process are excellent reliability and a high order of electrical uniformity throughout large production runs.

The accomplishment of a research-production team Singleness of purpose did it. Fairchild assembled a uniquely experienced team of research scientists and production engineers whose objective was to bring the advanced solid-state diffusion process under close control. They succeeded in putting laboratory-quality silicon transistors into quantity manufacture with firm product specifications exceeding anything previously offered.

2N696 and 2N697 SILICON TRANSISTORS

Symbol	Specification	Rating	Characteristics	Test Conditions
V_{CE}	Collector to Emitter voltage (25° C.)	40v		
P_C	Total dissipation Case temp. 25° C. Case temp. 100° C.	 2 watts 1 watt		
h_{FE}	D.C. current gain		2N696 — 15 to 30 2N697 — 30 min.	I_C=150ma V_C=10v
R_{CS}	Collector saturation resistance		6Ω typical, 10Ω max.	I_C=150ma I_B=15ma

The unretouched scope face below shows the time comparison of input (positive) and output (negative) pulses in a non-saturating mode. Time base is 20mμsec. per large division on the scope face. Maximum collector current is 50 ma.

For full information and specifications, write Dept. A-8

FAIRCHILD SEMICONDUCTOR CORPORATION

844 CHARLESTON ROAD · PALO ALTO, CALIFORNIA
VISIT US AT BOOTH 1632 AT THE WESCON SHOW

26 CIRCLE 20 READERS SERVICE CARD *August 15, 1958* — ELECTRONICS *engineering edition*

快捷半導體於 1958 年所推出的第一個電晶體廣告，當時這個電晶體就是出貨給 IBM，裝在 XB-70 轟炸機上的電腦。

Knowledge +

知識+ 光刻技術

光刻技術（photolithography）又稱微影製程，是製造電晶體與晶片的關鍵技術，主要可分成以下 6 個步驟。一開始這項技術只做一次步驟 1 到 6，用來在矽晶圓摻入雜質，後來發現可以更換刻有不同圖案的光罩，重複這個程序多次，便能蝕刻出複雜的電路，做出積體電路，也就是 IC 晶片。

光刻技術的原理

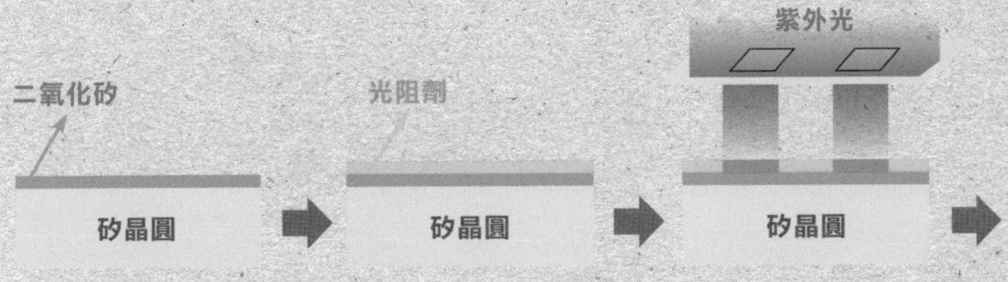

1. 在矽晶圓表面產生二氧化矽薄膜。

2. 在二氧化矽薄膜表面塗上光阻劑。

3. 晶圓上方放好刻有小洞的光罩，紫外光穿過光罩上的洞，照射到晶圓上，使得對應位置的光阻劑產生化學變化。

4. 用顯影劑沖洗晶圓，只有產生化學變化的光阻劑會被洗掉，留下沒照到紫外光的光阻劑。

5. 再用特殊溶劑去除露出來的二氧化矽薄膜。

6. 去除所有光阻劑，再以擴散法將磷、硼等雜質從氧化層缺口摻入矽晶圓，形成 n 型矽或 p 型矽。

步進式曝光機的原理

步進式曝光機是光刻技術的商業化設備。晶圓在機器內不斷移動，讓透過光罩的紫外光，依序照射晶圓的不同位置，因此可以大量製作出一片片晶片。

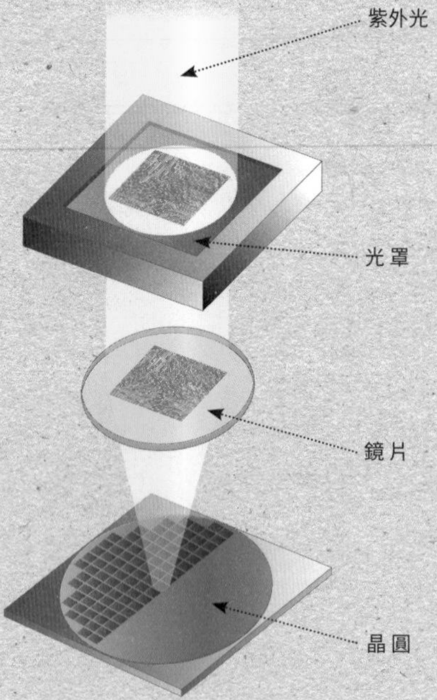

諾貝爾獎級專利

file 5-2

1959 年 1 月初，赫爾尼早上起床淋浴時，一個在他腦中深藏許久的念頭突然浮現出來，他似乎看到了一線曙光，可以解決令大家束手無策的困境！

根據貝爾實驗室的技術手冊，當矽晶圓完成摻雜後，必須用溶劑把表面剩餘的氧化層全部清除乾淨。因為擴散法應該也會把雜質摻入氧化層裡，若沒有全部移除，被汙染的氧化層恐怕會影響電晶體的導電性。不過如此就會讓 p-n 接面裸露在外，所以才必須用金屬外殼加以密封。

赫爾尼當時就懷疑氧化層是否真的會被汙染，就算會，真的會影響電晶體嗎？他覺得氧化層有隔絕保護作用，保留下來或許利大於弊，但貝爾實驗室與同事都說照著技術手冊做就對了。後來要忙著趕 IBM 的訂單，他就把這想法擱在一旁，未再深入研究，現在他才突然想到如果有氧化層擋著，掉落的金屬碎屑就接觸不到 p-n 接面，也就不會影響電晶體了。

赫爾尼進辦公室後，連忙翻出當初所寫的筆記，重新整理謄寫。而在塗塗寫寫的過程中，腦中又冒出一個革命性的想法。

高臺式電晶體是先用擴散法在集極表面摻雜成基極，再用光刻技術在基極中央蝕刻出窗口，摻雜成射極。但何不一開始就用光刻技術做出基極？這樣底層的集極就不會全部被基極蓋住，集極、基極與射極三者都在同一平面，它們之間的 p-n 接面用同一層二氧化矽保護，只露出接腳的接觸點。由於電極彼此更靠近，效能會更好，而在製造上也更加簡單。

赫爾尼興奮的向諾宜斯與摩爾等人提出這個「平面製程（Planar process）」的構想，大家都半信半疑，違背技術手冊的指示，保留氧化層真的不會有問題嗎？不過目前也沒別的辦法，況且真的成功的話，不僅能解決眼下的問題，還能大幅提升電晶體效能與生產效率，讓快捷半導體的競爭力更上一層樓。他們決定放手一搏，同時趕緊找專利律師申請專利。

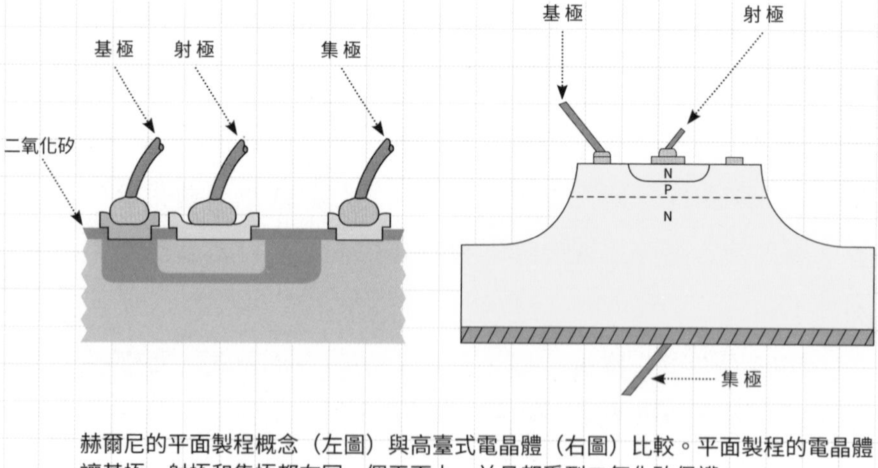

赫爾尼的平面製程概念（左圖）與高臺式電晶體（右圖）比較。平面製程的電晶體讓基極、射極和集極都在同一個平面上，並且都受到二氧化矽保護。

「你們希望這項專利涵蓋哪些範圍？」專利律師開頭就先問這個問題。

諾宜斯等人頓時都愣住了，不就電晶體嗎？律師才進一步解釋：「這平面製程不是一種製造方法嗎？除了電晶體，也可以用來製造其他半導體元件吧？」

摩爾見諾宜斯還在出神中，只好出聲回答：「當然可以。要的話，二極體、電阻、電容這些也都可以用平面製程，但意義不大，這些也不是我們的目標市場。」。

「為什麼？」

「因為這些元件構造簡單，沒必要用平面製程，純粹看生產規模，規模越大，成本越低。這是德州儀器、雷神這些大公司的優勢，我們只能攻電晶體，以技術取勝。」

律師點點頭：「那就只針對電晶體申請專利保護囉？」

「等一下！」神遊中的諾宜斯突然插進來，卻又思索了一下才說：「還是把其他半導體元件都納進來好了。別誤會，我沒有要做這些東西，只是剛剛想到——如果用平面製程把它們都放在同一片晶圓上呢？」

大家不解的望著諾宜斯，只見他站起來走向黑板，一邊問大家：「你們想想，IBM 拿到我們的電晶體之後，再來呢？」

接著諾宜斯在黑板畫起一個一個小方塊，說：「他們得把電晶體、二極體、電阻、電容這些元件一個個銲接到電路板上。我估計全部至少有幾百顆，甚至上千顆吧，每顆都要接上金屬電路，還得有銲接的空間，結果元件本身所占的空間其實不到一半。」黑板上的圖就像幅地圖，上面坐落著一棟棟平房，空地與道路占了大片土地。

「不只如此。」諾宜斯再用紅色粉筆在小方塊中間畫個小圈圈，說：「每個元件真正有用的只有這裡，其餘只是外殼包裝。你們看，如果只有這些小圈圈，讓它們彼此緊鄰在一起，空間就只有原來電路板的 5% 不到吧。」

大家似乎開始明白諾宜斯要說什麼，但貝仍疑惑的問道：「我可能沒你們懂，但怎麼可能沒有外殼，還緊鄰在一起？它們得有保護，彼此也得分開才不會漏電，不是嗎？」

赫爾尼微笑著替諾宜斯回答：「二氧化矽可以提供保護，也能用來區隔元件。我只想到多做一次光刻技術，但既然能做兩次，當然三次、四次、……要幾次都可以，就能把

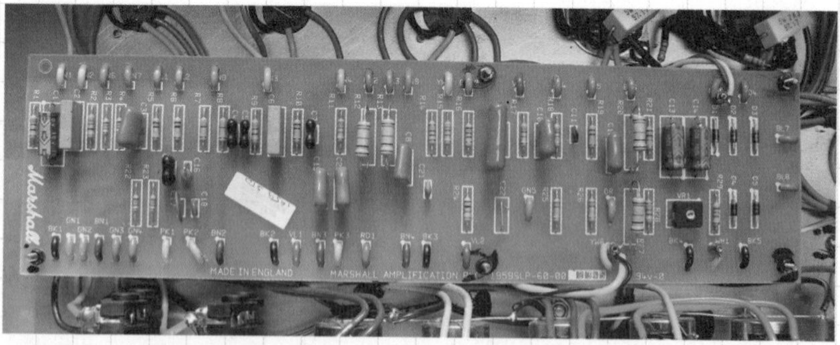

電路板上的各種電子元件就像地圖上的房子，地圖上有一大半的面積都是被空地和道路佔據，房子（電子元件）僅佔其中（電路板）的一部分。

各種元件都做在一起。」

摩爾接著說：「而且蝕刻出的缺口不僅用於摻雜，也可以蝕刻出複雜的溝槽作為電路。既然每個元件的接觸點都在同一平面，便可以像印刷電路板那樣，直接把銅線印在溝槽上，原來在電路板上的電路就都整合在一個晶片裡了。諾宜斯，這真是絕妙的點子！」

「這得感謝赫爾尼先想出平面製程。不過這只是個概念，具體上要怎麼做，摩爾，我們倆再一起研究。」

貝興奮的說：「這只要做出來，再貴我都賣得出去！我告訴你們，空軍的人一直在問我能不能做得更小呢。因為除了轟炸機，還有導彈、火箭也都要裝上電腦，它們的空間更小，電腦越小越好，到時候這些訂單非我們莫屬。」

的確如貝所說，美國政府正在傾全力推動太空計劃，並加強國防科技。因為蘇聯在 1957 年 10 月 4 日，毫無預警

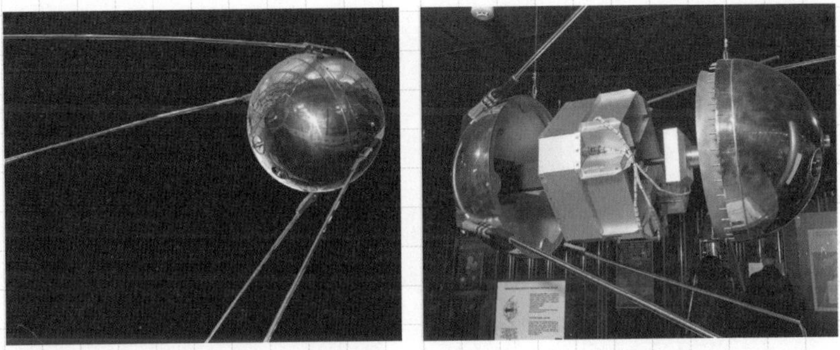

蘇聯成功發射第一顆人造衛星史普尼克一號（左圖，右圖為衛星內部圖），激起美國全力投入太空與航太科技的發展。

的發射第一顆人造衛星史普尼克一號（Sputnik 1），嚇了美國一大跳，發現原來蘇聯的太空科技竟然遙遙領先。萬一蘇聯將太空科技用於戰爭，勢必會取得空中優勢，甚至危及美國本土。

因此，美國政府除了要軍方強化飛機、飛彈與各項國防武器的性能，同時在 1958 年 10 月成立「國家航空暨太空總署（NASA）」，整合資源與各界人才，以求在這場太空競賽超越蘇聯。軍方與 NASA 都有龐大預算，為了盡速達成任務，都願意採用最新技術，花起錢來也毫不手軟，對快捷半導體而言正是大好時機。

專利律師先針對平面製程申請專利，積體電路則還要等諾宜斯寫出具體方法，才能提出專利申請。不料，諾宜斯和摩爾尚在研究，3 月時竟然被捷足先登，德州儀器召開記者會，發表史上第一顆積體電路！

原來德州儀器的工程師基爾比（Jack Kilby）去年 6 月就提出積體電路的構想，然後在 9 月以手工做出一個晶片雛形，只有電晶體、電阻和電容三個元件，電路另外用金線銲接而成，雖然粗糙簡單，但確實能正常運作。如果德州儀器祭出專利保護，快捷半導體就無法開發積體電路這極具潛力的產品，嚴重影響公司的未來。

屋漏偏逢連夜雨，在公司前途未卜之際，總經理鮑德溫竟然要辭職。諾宜斯等人錯愕又憤怒，要他當面說清楚。

貝先開口責問他：「鮑德溫，現在公司遇到問題，你身為主帥不面對處理，反而要先落跑，未免太現實了吧？」

「我如果真的現實，去年 IBM 訂單問題搞不定時老早就走了。人總是有更高的目標要追求，就這麼簡單。」

羅伯特忍不住嗆他：「更高？你已經是總經理，權力、薪水與分紅都比我們幾個創辦人高，還有什麼不滿意？」

鮑德溫平靜的回答：「我很感謝你們的禮遇，但總經理也只是受聘的經理人，再怎樣也和你們幾位大股東沒辦法比。」

諾宜斯真摯的說：「你如果嫌認股權太少，可以提出來啊。」

鮑德溫嘆了一口氣說：「那就說開了吧。有家國防承包商願意出資，讓我成立公司製造電晶體，一些工程師也會跟我走。」

「什麼，你也太沒道義了！」「了不起，主帥帶兵投靠敵營。」「你這叛徒！」「你膽敢偷走技術，就等著被告！」憤怒的斥責馬上此起彼落。

「你們有什麼資格說我？你們幾個不也是背叛蕭克利自立門戶？」鮑德溫馬上惱羞成怒，展開反擊：「我不過帶走十幾個人，你們對原公司造成的傷害才大吧。論道義，你們更沒道義！我本想大家好聚好散的，現在也沒什麼好說了。祝你們好運，再見。」說完即頭也不回的走出門外。

會議室裡一片沉寂，大家不約而同想到當年從蕭克利半導體實驗室集體請辭的情景：平時易怒暴躁的蕭克利竟然一句話都沒說，鐵青著臉直接走出辦公室。反倒是貝克曼跑來找他們曉以大義，發現無法挽回後，隨即變臉威脅要控告他們侵權洩密。沒想到如今換他們嚐到這滋味了。

諾宜斯先打破沉默：「我們來討論總經理人選吧。你們有沒有想到誰還不錯的？」

克雷納舉起手說：「我覺得不要再從外面找了，找來難保又跟鮑德溫一樣。就諾宜斯你來當吧，這一年多來，你應該也學到不少經營面的大小事了。」

大家紛紛附議贊同，這次諾宜斯也不再謙讓，決定扛下這重責大任，研發副總一職便交給摩爾。

摩爾趁此時報告積體電路的應對策略：「我們和專利律師討論過了，德州儀器雖然先申請積體電路的專利，但他們的電路仍得用銲接的，而諾宜斯結合了平面製程與印刷電路，這兩項技術都不在他們的設計裡，應該可以認定為新發明。所以我們決定還是申請專利，無論如何，總比棄械投降來得好。」

「沒錯，不用管別人，我們就照原先計劃往前走。等送出專利申請、做出樣品後，我們也要舉辦盛大的積體電路發表會，讓所有人知道誰的技術管用。」諾宜斯馬上展現了總經理的氣勢。

積體電路的專利申請於1959年7月送出，未待審核結果出爐，本身是發明家的費爾柴爾德就以實際行動展現對他們的信心與支持，提前於10月執行選擇權，依當初合約所載，用三百萬買下全部股權。八叛徒當初每人拿出500元，如今兩年不到就換回25萬元，當然是美夢成真，也讓外界人人稱羨。不過，卻有兩個人看在眼裡頗不是滋味，那就是蕭克利與貝克曼。

諾宜斯等人出走時，蕭克利仍不認為自己有錯，他得到的教訓反而是認為國內這些心高氣傲的年輕人不聽話又沒忠誠度，不如從歐洲招募三、四十歲的博士，他們更加成熟穩定，好用多了。何況八叛徒本來不懂電晶體，都是他一手教出來的，現在換另一批人，他當然也可以在短時間內就讓他們上手。因此，無論面對貝克曼或是外界的質疑，他都信心滿滿的堅稱集體離職事件不會有任何影響，實驗室仍將正常運作。

然而，就算貝克曼也這麼認為，他對蕭克利半導體實驗室已有不同想法了。1958年，貝克曼將它從集團的附屬機構獨立出來為「蕭克利電晶體公司」，顯然已不想再燒錢打造另一個貝爾實驗室，而是要它像一般公司那樣盈虧自負。

蕭克利終於在1959年成功開發出p-n-p-n四層二極體，卻因為品質不穩定，未能如他原先預想的用於AT&T的電話交換機；而軍方那邊也沒能賣出多少，以致公司繼續虧損。

貝克曼決定不玩了，剛好克里夫蘭一家傳統企業也想跨足半導體，而蕭克利的名聲仍有相當吸引力，便在 1960 年將公司賣給他們。

蕭克利倒不在意換新東家，反正他仍然在原地繼續做原來的事，只要解決四層二極體的品質問題，還是有機會從 AT&T 拿到源源不絕的訂單，到時所有人——尤其是八叛徒，就會知道他才是最後的贏家。

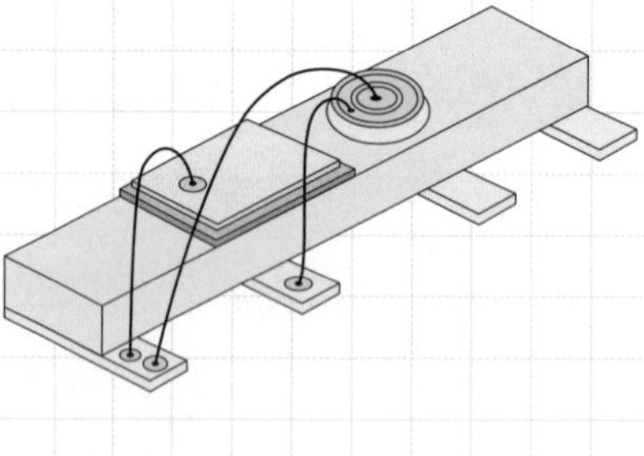

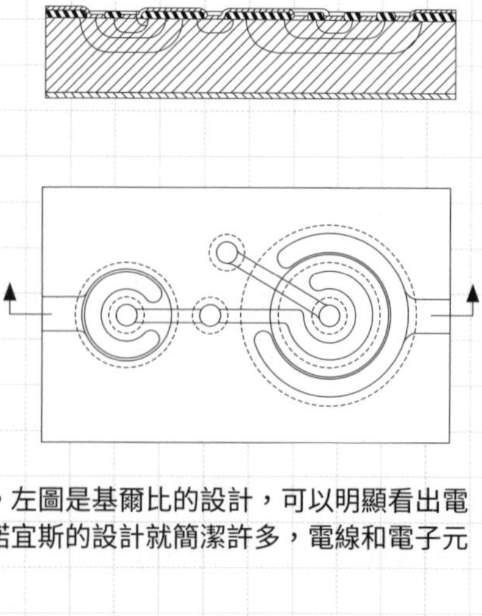

基爾比與諾宜斯兩人的積體電路設計對比。左圖是基爾比的設計，可以明顯看出電子元件上都有額外拉出的電線。而右圖是諾宜斯的設計就簡潔許多，電線和電子元件都是平整的放置在一個平面上。

理想與現實 file_5-3

諸宜斯等人的身分雖然不再是公司的合夥人，成為一般員工，但他們仍不改初衷的致力於平面製程與積體電路的開發。這兩項都是從未有過的全新技術，無法再像之前那樣，有貝爾實驗室的成果可參考，他們完全得靠自己摸索。

經過一年的努力，他們終於在 1960 年 4 月推出第一個用平面製程做出的電晶體，效能與穩定性都更高，讓同業與客戶大為驚艷，也因此拿到更多軍方的案子。五個月後，他們再用平面製程做出積體電路，這是第一顆直接在矽晶圓上蝕刻出元件與電路的晶片，公開發表後更是轟動各界。

平面製程與積體電路堪稱是半導體製程最重要的里程碑，竟然是由剛成立沒幾年的快捷半導體發明，無疑要歸功於八叛徒各有專長又能密切合作。沒想到，眼看未來一片坦途，正要大步向前之際，這個緊密結合的團隊卻出現了裂痕。

將諾宜斯的積體電路構想付諸實現的，正是兩年前與他合作發明步進式曝光機的拉斯特。這次他率領團隊和摩爾合作，不斷修改製造設備、調整工法程序，才終於做出積體電路。不過他所做的第一顆積體電路主要為了驗證概念，並沒有整合太多元件，拉斯特想要繼續開發，以證明積體電路的優越性，不料卻在 1960 年 11 月的主管會議中，遭到行銷副總貝的反對。

貝直指積體電路部門花錢太凶：「各位，我們去年營業額 50 萬，但為了開發積體電路，到現在已經花了一百萬有吧？不趕緊止血，公司恐怕會被這錢坑拖垮。」

大家把眼神投向諾宜斯，這是他的發明，又身為總經理，應該會提出辯護吧。誰知他只是微笑著問大家有什麼看法，看來是要維持他向來的開放態度，鼓勵暢所欲言。

拉斯特便不客氣的反問貝：「你說止血是什麼意思？」

「就別再砸錢下去，然後把人力調去改做其他立即有收入的產品。」

「你是要關掉我的部門？」

「暫時而已啦，現在又沒什麼訂單。況且你把積體電路的製造成本搞那麼高，一顆要 150 元，同樣功能用現成元件組起來才 3 塊錢，怎麼賣啊？」

「哼，當初你不是說再貴也賣得出去？」

「軍方是願意買，但他們的量那麼少。況且這又不是我們的獨門生意，德州儀器也進來了，難道不用看市場狀況調整策略嗎？」

「不只看現在，也要看未來啊！現在 IC 貴是因為整合的元件還不多，等到元件數量變多了，就會是 IC 比較便宜，而且更小更快又更不耗電。我們不就是看到這個未來趨勢，才全力開發的嗎？」

「那也得公司能活到那個未來啊。」貝冷笑道。

拉斯特眼見諾宜斯和摩爾到現在仍不幫忙說句話，突然覺得自己為什麼要這樣孤軍奮鬥，一時氣憤難平，直接站起身來冷冷的說：「既然這樣，這裡暫時也不需要我了，我就趁此休個長假吧。就從現在開始生效。」說完即走出門外。

拉斯特突然爆氣離席，諾宜斯和摩爾來不及說明他們的看法。其實貝的主張也有其道理，公司資源有限，為了獲取最大效益，必須有所取捨。諾宜斯現在是總經理，不能再滿腦子只有技術，必須以整體為考量。而摩爾身為研發副總卻未積極捍衛，是因為他發現有項最新技術可能帶來立即性的巨大衝擊，必須趕緊投入人力進行研究。

原來就在快捷半導體忙著平面製程與積體電路的研發時，貝爾實驗室在 1959 年底成功發明出「金屬氧化物半導體場效電晶體（簡稱 MOSFET）」。是的，就是蕭克利早在二次大戰後所提出的場效應電晶體概念。當時理論上可行卻一直無法實現，甚至導致他先與巴丁、布拉頓，後和八叛徒結下恩怨情仇。

而貝爾實驗室突破的關鍵仍在矽晶圓氧化層，二氧化矽的電子中和了表面態，只要在氧化層上方鍍上金屬薄膜，便能一如蕭克利當年的構想，以電場控制訊號的切換與放大效果。貝爾實驗室於 1960 年 6 月對外發表後，立即引起各界注意，研究場效應電晶體已經好幾年的摩爾更是特別關注。

摩爾研究後發現，由於 MOSFET 可以做得更薄，因此效能遠勝於接面式電晶體，也更加穩定耐用，若不趕快引進這項技術，快捷半導體恐怕就要喪失領先優勢，失去現有客戶。然而就像貝爾實驗室之前的各種發明，都還需要再花很多功夫才能予以商業化，MOSFET 也是如此。因此摩爾也傾向暫緩積體電路的進一步研發，將人力先用於開發 MOSFET。

不過拉斯特就算知道，可能也會不甘自己的心血未受重視。總之，他第二天就開車一路向東，花了幾天橫越美國，最後抵達紐約，造訪當初協助他們創業的洛克。拉斯特向他傾訴對公司的不滿與失望，打算另謀高就，繼續開發積體電路。

洛克並未加以勸阻，反而告訴拉斯特自己剛好正在處理一個投資案：「這家鐵勒戴恩（Teledyne）科技公司才剛成立，打算做半導體的生產設備。它的創辦人辛勒頓（Henry Singleton）和你一樣是 MIT 博士，一定很樂意你把積體電路的技術帶進來；而且公司就在洛杉磯，你還是可以待在加州。」

拉斯特頗有興趣，於是洛克等他回到加州後，便打電話給辛勒頓，安排他們兩人於 12 月底見面。拉斯特拉了與他私交最好的赫爾尼一起去，結果他們倆與辛勒頓聊得非常投機，當下敲定在鐵勒戴恩旗下成立子公司，專門製造積體電路。而且地點就依他們所願，設在快捷半導體附近，這樣就不用再搬家，也方便就近招募人才。羅伯特知道後，決定也跟他們一起出走，八叛徒中的三人即於 1961 年 2 月同時辭職，另外創立新公司。

拉斯特離職是出於憤怒與不滿，赫爾尼和羅伯特又是為什麼？說穿了，主因就是他們如今已不是快捷半導體的主要股東，和別人一樣只是領薪水的員工，缺乏與公司共存亡的強烈動機。

而半導體正是當紅的明星產業，一大堆公司都想搭上這部通往未來的列車，願意提供優渥的條件給技術人才，創業變得容易許多，讓他們覺得不如勇敢逐夢——不管追求的是金錢、地位或理想。八叛徒之一的克雷納也於 1962 年 1 月辭職，成立公司開發專供軍方教育訓練用的電腦，成為第四位求去的創辦人。

不過有人搶著上車，也有人悄悄下車；就在拉斯特等人離職創業這一年，蕭克利也離開他所創立的公司，但他並不是有更好的機會，而是完全退出產業界。克里夫蘭那家企業買下蕭克利電晶體後，過了一年卻發現與原先想像有不小差距，於是在 1961 年將公司脫手給「國際電話與電報公司（ITT）」。ITT 要求全體人員遷到佛羅里達上班，但蕭克利不願意再遠離家鄉，只好主動請辭，並且轉換跑道，到史丹福大學任教，黯然放棄他的創業大夢。

快捷半導體則正要起飛。在諾宜斯與摩爾的帶領下，不僅安然度過總經理帶走團隊、創辦人半數出走的衝擊，公司業績還蒸蒸日上：1959 年的營業額為 50 萬美元，才兩年時間，到 1961 年已快速增長到 2 千萬美元。而且更令他們驚喜的是，德州儀器申請的積體電路專利還沒下文，諾宜斯的專利竟然率先於 1961 年 4 月獲得批准。

喜上加喜，甘迺迪總統 5 月宣布要在十年內將太空人送上月球，並平安返回地球。要達成這不可能的任務，勢必要借助威力強大的電腦進行運算、模擬，需要大量的電晶體，阿波羅太空船上的導航電腦更非用積體電路不可。

諾宜斯和摩爾預見晶片的需求不僅在於量的增加，電路的複雜度也會提高，於是立即重啟積體電路的研發。他們和麻省理工學院合作，所設計的晶片獲得阿波羅計劃採用，第一顆原型晶片成本高達 1000 美元，但隨著數量不斷增加，製造成本也大幅下降，到後來一顆成本只要 20 美元。而且晶片內的元件數量也一如預期不斷增加。

摩爾於 1965 年發現晶片元件數量大約是每年倍增，便大膽預言未來十年都會維持這樣的趨勢。他後來於 1975 年修正為每兩年增加一倍，結果實際進展恰恰介於摩爾兩次預測之間：大約每 18 個月就增加一倍。這個規律至今仍未失

1961 年 5 月 25 日，美國總統 甘迺迪在國會上發表人類登月計劃的演講，誓言要成為第一個人類登陸月球的國家（上圖）。這項登月計劃集結了當時美國最新科技，太空船的指揮艙與登月小艇（中圖與下圖）都需要複雜的電路與晶片才能確保完成任務。

效，因此被冠以「摩爾定律」的美名。

除了提昇研發實力，快捷半導體還於 1962 年到香港設立工廠，以降低製造成本，增加價格上的競爭力。隨著訂單越來越多，之後又陸續在世界其他各地增建廠房；臺灣本來也在考量之內，但當時沒有直航班機到高雄，負責建廠的布蘭克擔心轉機容易造成貨物遺失，便選了韓國。

快捷半導體乘著這股浪潮不斷擴增規模，也吸引了頂尖大學的畢業生競相加入。吸引他們的，除了快捷半導體是技術最領先的明日之星，還有很重要的一點是：獨特的公司文化。

1960 年代的美國，正是各種反抗傳統與權威的運動風起雲湧的時代，從反越戰、爭女權、爭黑人人權，到追求性解放、校園民主，年輕人崇尚自由開放，而加州更是標榜愛與和平的嬉皮大本營。在這樣的氛圍下，這裡的新創公司也不像東岸那些傳統企業那麼一板一眼，所以特別受到年輕人喜愛，其中快捷半導體更是大家口耳相傳最酷的公司。

打造公司文化的正是諾宜斯。從他大學時起鬨在宿舍烤乳豬，還去農場偷豬的事件，就可看出他是勇於打破常規的人。因此，他接任總經理後，便倡導民主開放的管理方式，避免階級嚴明的官僚文化，鼓勵員工勇於嘗試，培養主動積極的精神；在這裡，大夥兒連續幾天加班埋頭苦幹，再一起整夜狂歡的情景屢見不鮮。這樣的工作環境特別吸引聰穎傑出的人才，也因為有這一批批的生力軍加入，才不受重要成員離去的影響，反而從研發到製造仍不斷取得突破，領先群倫。

快捷半導體成為當時成長最快的半導體公司，到了 1966 年已是第二大的半導體公司，僅次於德州儀器，員工人數一萬一千人，年度獲利高達 1200 萬美元。諾宜斯因為領導有功，於 1965 年被拔擢為集團副總裁，總經理一職改由製造部副總斯波克（Charles Sporck）擔任。沒想到這個安排卻為公司的盛極而衰埋下了伏筆，結果 1966 年便是快捷半導體的巔峰，再來它就要跌落神壇，由盈轉虧，而八叛徒剩餘四人也將步上先前四人的離職創業之路……

象徵反戰、自由、不服從權威的嬉皮文化在加州蔓延，這樣的氛圍也影響了加州地區的企業文化。

開枝散葉

file_5-4

快捷半導體從一家新創公司成長為上萬人的企業，部門之間的矛盾與衝突免不了日益加劇。業務部門為了業績接太多訂單可能導致製造部門無法如期交貨，或是承諾太多開發案，但研發部門根本人力不足，結果便互相指責；而產品開發完後，若無法順利量產，製造部門也會怪研發部門設計不良。諾宜斯當總經理時，由於大家都對他心悅誠服，他出面總能化解這些問題，可是一旦換成別人，就鎮不住了。

1965 年，諾宜斯高升為集團副總裁後，斯波克接任總經理，他是製造部門出身，難以令研發部門信服，兩個部門之間的矛盾日益嚴重。隨著客戶數增加，越來越多產品無法順利量產，造成客戶抱怨連連。

雪上加霜的是，斯波克自己在 1967 年 3 月跳槽至國家半導體（National Semiconductor），還帶走一批人，總經理帶隊出走的事件再度重演。只是這一次，諾宜斯遠在東岸總部上班，遠水救不了近火，公司內部一團混亂，客戶紛紛轉單，結果 1967 年第四季竟出現虧損，這是快捷半導體自 1959 年損益兩平就不曾有過的情況。

費爾柴爾德的總裁為此下臺負責，原本大家都以為會由諾宜斯接任，不料董事會卻表明要從外部遴選，讓諾宜斯感到心寒，決定辭職再度創業。他找摩爾深談：「我要辭職走人了。怎麼樣，我們再一起創辦新公司吧？」

「就因為你上不了大位？」摩爾半開玩笑的說。

「這只是最後一根稻草。這幾年我們半導體部門賺那麼多錢，照理說應該按比例分紅給員工，但這些錢大部分都被拿去貼補其他部門，甚至子公司，實在不公平。我以為升上副總裁能改變什麼卻還是無能為力。另一方面，老實說我還是喜歡和大家一起幹活的日子。」

摩爾沉默了一會兒才說：「不過現在半導體業這麼競爭，你想要做什麼？我們都年屆四十了，要再重新開始，這……」

「記憶體。現在電腦速度越來越快，傳統儲存裝置跟不上，如果能用半導體做出記憶體，一定會大受歡迎。你之前開發 MOSFET 時，不是曾研究過？」

摩爾眼睛一亮，興奮的說：「這可以！那一定要拉葛洛夫（Andrew Grove）跟我們走，他技術一流，而且治軍嚴謹。說實話，我們倆常常太民主了，沒有效率，他剛好補我們不足。」

「沒問題，你想想還要帶哪些人走。我來聯繫洛克，請他幫我們找錢。」

洛克在拉斯特辭職那年，也離開紐約的證券公司，搬到舊金山來成立創投公司。原來美國於 1958 年通過「小型企業投資法案」，鼓勵成立私人投資公司，募集基金投資科技新創企業，洛克因此看到自立門戶的機會，畢竟他在科技圈與金融圈兩邊都有不少人脈，找案子、找錢都不是問題。他除了從華爾街找投資人，八叛徒也都有出錢，另外透過史丹福大學的教務長特曼牽線，校方也參與投資。這幾年下來，洛克的基金已有不小的收穫，也具有相當的知名度。

他接到諾宜斯電話的第一個反應卻是哈哈大笑：「我以為你會更早打給我呢。」

「你覺得我們早就該走了？」

「當然，幹嘛一直替別人打工。錢的事不用擔心，我負責幫你們找到。」

「等等，你不問我們要做什麼產品嗎？」

洛克後來在加州自己成立創投公司，成為英特爾、蘋果等科技公司的早期投資者。

「投資是投資經營的人，不管你們兩個要做什麼，我都有信心。」

「哈哈，謝謝你看得起。那我們就開始準備給投資人看的計劃書。」

「其實我現在打幾通電話，報上你們兩人的名字，他們應該就會趨之若鶩了。你們估算一下資金需求，我再幫你們設計股權結構吧。對了，想好公司要叫什麼名字嗎？」

諾宜斯愣了一下，說：「還沒想。不然就像大部分人那樣，用我們兩人的姓氏作為公司名吧。」

「Moore Noyce ？」洛克念完哈哈大笑說：「這可不行，電晶體不是應該盡量不要有雜訊嗎？更多雜訊（More Noise）會把人都嚇跑了。這樣吧，先用字首 N、M，之後再想更好的名稱。」

果然洛克沒幾天就募齊資本額 250 萬美元，八叛徒其餘六位也都掏錢認股。諾宜斯和摩爾於 1968 年 6 月辭職，7 月公司即正式成立，叫「NM 電子公司」，沒多久後再改名為「英特爾（Intel）」，代表「積體電子（Integrated Electronics）」之意。

諾宜斯、摩爾和葛洛夫三人果然成為合作無間的鐵三角，成功開發出記憶體。1971 年，英特爾推出第一顆微處理器 4004，首度實現單一晶片就能進行運算，促成口袋型計算機、電子錶等消費性電子產品的時代來臨。他們繼續實現摩爾定律，不斷提升微處理器的電晶體數量，一些業餘玩家拿來組成電腦，蘋果電腦（Apple）因此誕生，也才有後來個人電腦的蓬勃發展。英特爾成為矽谷的指標性企業，至今也仍是世界最大的中央處理器設計與製造公司。

諾宜斯的離職讓很多員工大受震撼，他雖然已有兩年多未參與快捷半導體的實際運作，但仍是大家的精神領袖，尤其對那些喜愛他打造的公司文化才來上班，並且一直留到現在的年輕人而言，更覺得此處已不值得留戀。雪上加霜的是，費爾柴爾德的新任總裁是來自摩托羅拉的半導體部門負責人，他上任後竟從摩托羅拉帶來近百名部屬，取代快捷半導體原有的主管，更加打擊員工士氣，造成一波離職潮。

這些離職員工有些跳槽到其他半導體公司，成為中流砥柱，有些則自行創業，其中有許多在科技發展中扮演了關鍵角色。例如：行銷主管桑德斯（Jerry Sanders）與七位研發工程師於 1969 年集體辭職，創立超微半導體（AMD），現在已是一家足以比肩英特爾的處理器公司。另外，南加州區銷售經理瓦倫丁（Don Valentine）離職後先加入國家半導體，再於 1972 年創立紅杉資本（Sequoia Capital），在許多科技公司成立之初就參與投資，例如：蘋果電腦、思科（Cisco，最大的網路設備公司）、谷歌（Google）、輝達（Nvidia，最大的繪圖處理器公司）、甲骨文（Oracle，最主要的資料庫軟體公司之一）、Youtube、PayPal（創辦人

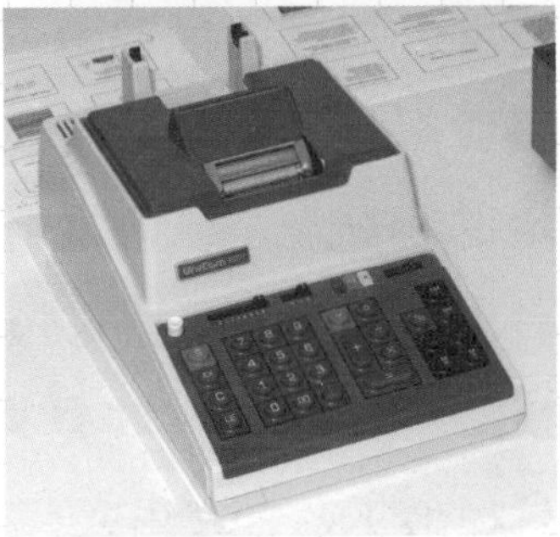

葛洛夫、諾宜斯與摩爾（上圖、由左至右）三人創辦了英特爾，後來推出全世界第一顆商用微處理器 Intel 4004（下左圖），大小僅有 3 毫米 × 4 毫米，這小小一顆處理器的性能就和之前的巨大 ENIAC 相似。Intel 4004 之後也用在桌上型電子計算機上（下右圖）。

之一正是後來以特斯拉電動車與 SpaceX 太空火箭改變世界的伊隆・馬斯克）等，堪稱矽谷最重要的推手，至今也仍是最活躍的新創投資公司。

有趣的是，瓦倫丁原本對蘋果電腦的創辦人賈伯斯（Steve Jobs）看不上眼，就把他介紹給快捷半導體的前同事馬庫拉（Mike Markkula）。結果馬庫拉不但拿錢出來投資，還成為僅次於賈伯斯與沃茲尼克（Stephen Wozniak）的蘋果電腦第三號員工。

改做創投的還有八叛徒中第四個離開的克雷納，他於 1972 年與惠普（Hewlett-Packard）電腦部門的總經理帕金斯（Thomas Perkins）共同成立創投公司凱鵬華盈（Kleiner Perkins Caufield & Byers，縮寫 KPCB）。這家公司成為矽谷最重要的風險投資公司之一，至今已投資超過 900 家新創公司，其中有很多後來成為舉足輕重的科技公司。例如在電腦領域有：康柏（Compaq，做出第一臺攜帶型電腦，後來被惠普併購）、昇陽（Sun Microsystems，曾是最大的工作站電腦廠商）、蓮花（Lotus Development，發明試算表軟體）；網路方面有美國線上（America Online，曾是美國第一大入口網站）、亞馬遜（Amazon.com）、谷歌（Google）、推特（Twitter）；此外還有做電腦遊戲的藝電（Electronic Arts）、做基因編輯的基因泰克公司（Genentech）、以及諸多不同領域的重要企業。

格里尼克在革命夥伴諾宜斯和摩爾走後沒多久也辭職走人，但他沒有留在半導體業，而是到加州大學柏克萊分校教書。不過他對最新科技發展仍有高度興趣，竟然在當教授的同時還選修電腦科學的課程。幾年後又重返科技業，開發無線射頻辨識（Radio Frequency Identification，簡稱 RFID），如今這項技術已廣泛應用於生活中，例如悠遊卡、感應鑰匙、防盜標籤等。

八叛徒最後一位成員布蘭克也於 1969 年離職了，多年在海外四處奔波建廠，讓他身心俱疲，眼見許多年輕同事出來創業，他決定當這些新創公司的顧問就好，沒有壓力、自由自在。

這些從快捷半導體出走的「仙童們」(Fairchildren)都未離開加州，他們所創立或投資的公司也都在帕羅奧圖一帶，因而形成資金與人才的磁吸效應，催生出更多半導體與電腦等新創公司。1971 年 1 月，《電子新聞》(Electronic News）週刊記者侯夫勒（Don Hoefler） 撰寫文章報導這裡的科技公司時，以〈美國矽谷〉(Silicon Valley USA）作為標題，從此矽谷便成為帕羅奧圖到聖荷西這一帶的代名詞，聞名於世至今。

如今矽谷盛況更勝當年，從半導體元件延伸到電腦、手機，從硬體擴展到軟體、網路，諸多科技大廠的硬體產品與軟體服務與現今的生活緊密結合，影響力也更加無遠弗屆。

矽谷就像一株成長快速的大樹，不斷分叉出更多枝枒與樹葉，結實纍纍。當人們享受這棵大樹的庇蔭與果實時，大概很難想像，這一切都始於當初蕭克利與八叛徒在此種下的樹苗……

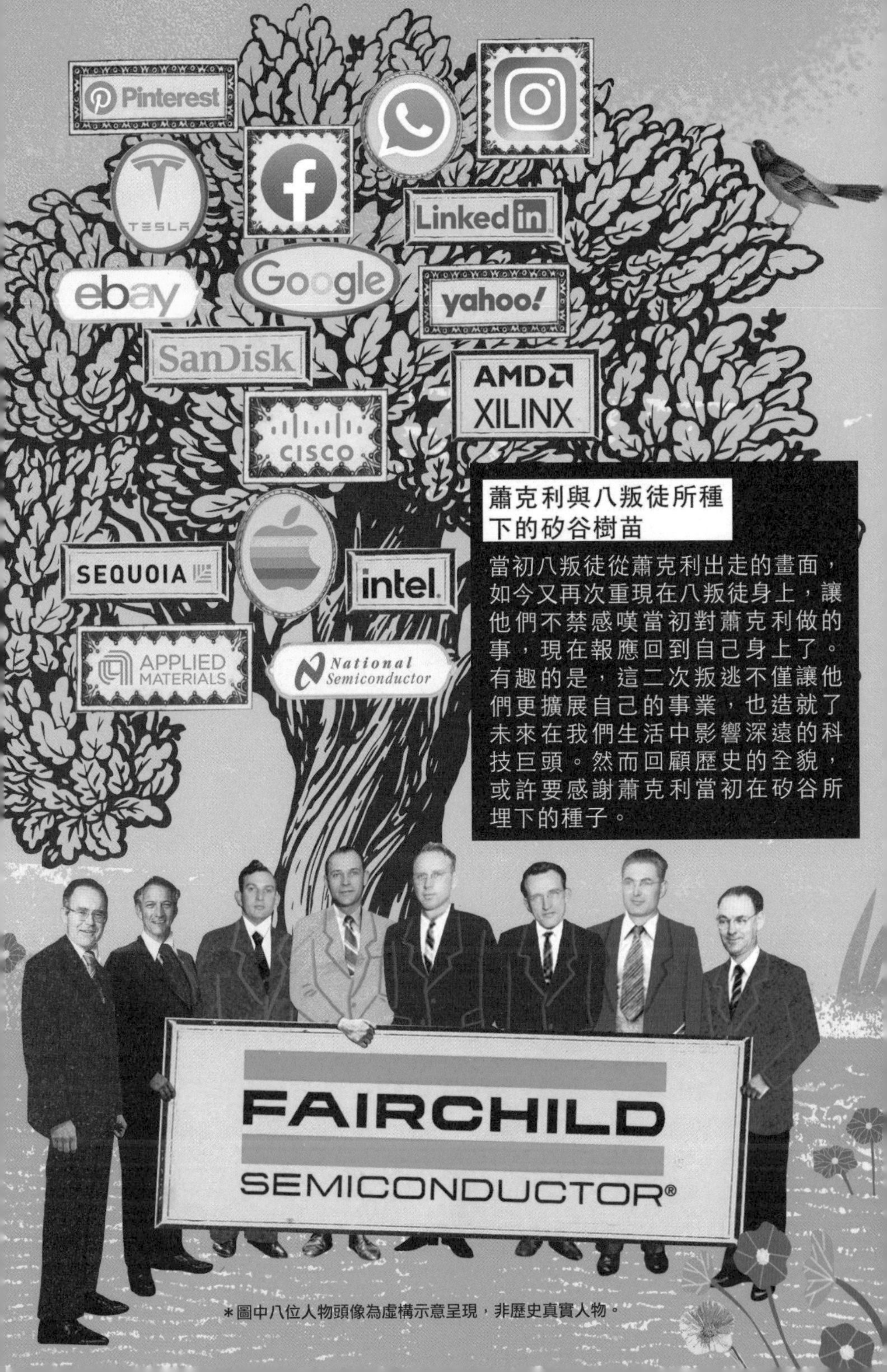

蕭克利與八叛徒所種下的矽谷樹苗

當初八叛徒從蕭克利出走的畫面，如今又再次重現在八叛徒身上，讓他們不禁感嘆當初對蕭克利做的事，現在報應回到自己身上了。有趣的是，這二次叛逃不僅讓他們更擴展自己的事業，也造就了未來在我們生活中影響深遠的科技巨頭。然而回顧歷史的全貌，或許要感謝蕭克利當初在矽谷所埋下的種子。

*圖中八位人物頭像為虛構示意呈現，非歷史真實人物。

結語與附錄

SHOCKLEY SEMICONDUCTOR LABORATORY. This site, 391 South San Antonio Road, is the [redacted]atory. At this location in 1956, Dr [redacted] on device research and manufacturing company in the valley. [redacted] gathered to work at this site went on to form the pioneering Silicon Valley startup company, Fairchild Semicon[redacted] practicable integrated circuit. The advanced research [redacted] of Silicon Valley and later [redacted]through in the computer industry.

後記

矽谷能有今日，無疑是八叛徒創立快捷半導體，培育無數人才，開花散葉的結果。然而除了人的因素，赫爾尼和諾宜斯在技術上的突破，也是重要關鍵。他們兩人分別發明平面製程與積體電路，才促使半導體技術突飛猛進，受惠的不僅是矽谷的廠商，也澤及世界各地的半導體產業，我們的「台積電」就是其中之一。

因此，很多人都認為就貢獻度與影響力而言，他們兩人都應該得到諾貝爾獎。事實上，2000 年的諾貝爾物理獎就頒給發明積體電路的基爾比，可惜諾宜斯在 1990 年就因心臟病突然過世，無緣同時獲獎。當年因為專利之爭與諾宜斯纏訟多年的基爾比，在得知自己榮獲諾貝爾獎後，便感慨道：「如果他還在世的話，我們應該會一起得獎。」

當然，真正為電晶體與矽谷播下第一顆種子的，當屬蕭克利。是他提出場效應電晶體的架構（如今 99.9% 的電晶體都是 MOSFET），是他堅持要用矽取代鍺，是他選擇落腳於矽谷發源地帕羅奧圖，也是他招募並訓練出八叛徒。

無奈蕭克利的一生深受性格缺陷之害。他黯然放棄事業後，在史丹福任教期間仍因發表爭議性言論，像是黑人的智商比白人低是天生遺傳的、智商低於一百的人應該施行絕育手術等，而引來各界撻伐。後來他與人越來越疏離，只有第二任妻子一直陪在身旁。1989 年，他因攝護腺癌過世，享年 79 歲；臥病期間沒多少人來看他，就連他與前妻所生的兩個小孩都是從報紙訃聞才得知他的死訊。

回顧起來，1956 年蕭克利得諾貝爾獎那年就是他的人生巔峰，當時八叛徒仍追隨著他，要一同創造夢想。那一年也是矽谷歷史的起點，而他們一起工作的蕭克利半導體實驗室則是矽谷地理上的起點。只是當年的辦公室已不復存，如今原址變成一座商場，只有一個紀念牌提醒人們這裡是矽谷真正的誕生地，上面寫著：「矽谷第一家研發製造矽產品的公司。此處的研究開啟了矽谷的發展。1956」

全文完

蕭克利半導體實驗室的原址，雖然當年蕭克利的雄心壯志已經不在，但是街道上有著紀念牌以及二極體的街道裝飾，提醒現在在矽谷往來的科技後輩們，這裡才是矽谷的起源地。

重要人物與大事年表

貝爾實驗室時期 1945～1956

馬文・凱利

貝爾實驗室總裁。負責管理貝爾實驗室以及成功招募蕭克利進入實驗室。

上司 部屬

威廉・蕭克利

諾貝爾獎物理學獎得主，電晶體發明者之一。原本在貝爾實驗室工作，成功開發出接面電晶體。後來企圖追求更高成就而離開實驗室自行創業，隨後在貝克曼的幫助下，在加州成立蕭克利半導體實驗室，並且揭開了矽谷起源，影響往後科技業的發展。

上司 部屬

華特・布拉頓

諾貝爾獎物理學獎得主，電晶體發明者之一。貝爾實驗室員工，善於實驗設計，由凱利指派來協助蕭克利開發電晶體，後來和巴丁合作開發出點接觸電晶體。

合作

約翰・巴丁

諾貝爾獎物理學獎得主，電晶體發明者之一。經布拉頓介紹進入貝爾實驗室，一起開發電晶體。後來因為和蕭克利不合，離開公司到伊利諾大學研究超導體，獲得第二座諾貝爾獎物理學獎。

蕭克利半導體實驗室時期 1956～1957

阿諾德・貝克曼

貝克曼儀器公司老闆，在頒獎典禮上和蕭克利相遇，並且欣賞他的志向與能力，進而投資他成立一間獨立的半導體公司——蕭克利半導體實驗室。

資金 贊助

弗雷德里克・特曼

史丹福大學教務長。在大學近郊規劃史丹福工業園區，並且極力邀請蕭克利在園區設立公司，爾後這塊園區成為矽谷的核心。

說服 贊助

威廉・蕭克利

上司 部屬

八叛徒

快捷半導體時期 1957 後

費爾柴爾德

發明家，費爾柴爾德攝影器材與儀器公司老闆。在洛克的介紹下，認識八叛徒，並且提供資金，協助成立快捷半導體。之後也買下八叛徒手上快捷半導體公司所有股份。

洛克

紐約證券商「海頓、史東及夥伴」分析師。協助八叛徒規劃創業，並且成功引入費爾柴爾德公司資金，促成快捷半導體公司成立。之後離開證券商，成立創投公司。

諮詢規劃

資金贊助

八叛徒

拉斯特

八叛徒裡年紀最輕，擅長光學。分別與諾宜斯、摩爾一起開發出光刻設備，以及世界第一顆積體電路。不過因為理念和公司經營方向不合，就和赫爾尼、羅伯特一同離職，三人另創新公司。

羅伯特

擅長冶金。是他說服諾宜斯離開蕭克利半導體實驗室。負責開發長晶設備，後來加入拉斯特，一起成立新公司。

諾宜斯

專長電晶體開發，發想出積體電路設計概念。具有天生領袖氣質，擅長溝通協調，帶領快捷半導體成為當時世界知名的半導體公司。最後離職，和摩爾、葛洛夫一同成立英特爾。

摩爾

專長化學，提出摩爾定律。在團隊中勇於打抱不平，並且提議離開蕭克利，自行創業的關鍵人物。最後和諾宜斯、葛洛夫一同成立英特爾。

赫爾尼

專長量子物理與擴散理論，在快捷半導體時構思出平面製程，不但解決了當時 IBM 訂單的電晶體汙染問題，也促成諾宜斯開發出積體電路的概念。後來離職加入拉斯特的創業行列。

格里尼克

專長電機工程。在快捷半導體負責電晶體測試，離職後先在加州大學柏克萊分校教書，後來又進入科技業開發出無線射頻辨識。

布蘭克

專長機械工程。與克雷納一同負責快捷半導體的建廠工作，是八叛徒裡最後一位離開快捷半導體的人。離職後擔任新創公司的顧問。

克雷納

專長機械工程。透過父親在華爾街的人脈，認識紐約證券商「海頓、史東及夥伴」的主管寇以爾與分析師洛克。八叛徒也在兩人的協助下，規劃成立新公司。克雷納從快捷半導體離開後，成立一家專門為軍方開發教育訓練用的電腦公司。

圖照來源

第一章	圖照名稱	來源出處
P007	電晶體	Federal employee, Public domain, via Wikimedia Commons
P008	貝爾實驗室	Gottscho-Schleisner, Inc., photographer, Public domain, via Wikimedia Commons
P009	馬文·凱利	Internet Archive Book Images, Public domain, via Wikimedia Commons
P015	ENIAC電腦	Unknown author, Public domain, via Wikimedia Commons
	ENIAC電腦內部	The original uploader was TexasDex at English Wikipedia., CC BY-SA 3.0, via Wikimedia Commons
	真空管	Jeff Keyzer from Austin, TX, USA, CC BY-SA 2.0, via Wikimedia Commons
P017	弗萊明	JDR, Public domain, via Wikimedia Commons
P018	德佛瑞斯特	The original uploader was Thbusch at English Wikipedia.Later versions were uploaded by Neutrality at en.wikipedia., Public domain, via Wikimedia Common
P019	真空管	Stefan Riepl (Quark48), CC BY-SA 2.0 DE, via Wikimedia Commons
	無線電訊號產生器	National Institute of Standards and Technology, Public domain, via Wikimedia Commons
P020	華特·布拉頓	Nobel foundation, Public domain, via Wikimedia Commons
P022	傳統原子模型與電子雲模型	shutterstock
P038	史上第一顆電晶體	Windell Oskay from Sunnyvale, CA, USA, CC BY 2.0, via Wikimedia Commons

第二章	圖照名稱	來源出處
P041、P049	三人合照	AT&T; photographer: Jack St., New York, Public domain, via Wikimedia Commons
P054	巴丁	Nobel foundation, Public domain, via Wikimedia Commons
	利昂·庫珀	Associated Press, Public domain, via Wikimedia Commons
	約翰·施里弗	Unknown author, CC BY-SA 3.0 NL, via Wikimedia Commons
P059	真空管收音機等二圖	Armstrong1113149, Public domain, via Wikimedia Commons
	電晶體收音機內部	Theoprakt, CC BY-SA 3.0, via Wikimedia Commons
P063、P064	單晶矽製作等四圖	shutterstock
P064	積體電路	The original uploader was Zephyris at English Wikipedia., CC BY-SA 3.0, via Wikimedia Commons
P065	車庫	BrokenSphere, CC BY-SA 3.0, via Wikimedia Commons
P068	貝克曼	Science History Institute, CC BY-SA 3.0, via Wikimedia Commons
	酸鹼值測量儀器海報	Science History Institute, Public domain, via Wikimedia Commons
	桌上型酸鹼值測量儀器	Science History Institute, Public domain, via Wikimedia Commons
	實驗室	Science History Institute, CC BY-SA 3.0, via Wikimedia Commons
P073	布希	This portrait is credited to "OEM Defense", the Office for Emergency Management (part of the United States Federal Government) during World War II, Public domain, via Wikimedia Commons
	微分分析儀	University of Cambridge, CC BY 2.0, via Wikimedia Commons
P074	聖克拉拉谷	OSU Special Collections & Archives : Commons, No restrictions, via Wikimedia Commons
P079	惠普車庫	Arild Finne Nybø, CC BY-SA 2.0, via Wikimedia Commons

	音頻振盪器HP 200A	Colin, CC BY-SA 2.0, via Wikimedia Commons
	音頻振盪器HP 200A內部	Colin Warwick aka Woz2, CC BY-SA 2.0, via Wikimedia Commons
	個人電腦HP 9100A	Photograph by Rama, Wikimedia Commons, Cc-by-sa-2.0-fr, CC BY-SA 2.0 FR, via Wikimedia Commons

第四章	**圖照名稱**	**來源出處**
P095	諾貝爾獎章	Public domain
P096	蕭克利	Chuck Painter / Stanford News Service, CC BY 3.0, via Wikimedia Commons
	諾宜斯	Intel Free Press, CC BY-SA 2.0, via Wikimedia Commons
P104	蕭克利	Chuck Painter / Stanford News Service, CC BY 3.0, via Wikimedia Commons
	巴丁	Nobel foundation, Public domain, via Wikimedia Commons
	布拉頓	Nobel foundation, Public domain, via Wikimedia Commons
P121	空拍機	Public domain, via Wikimedia Commons
	月球空中攝影機	Public domain, via Wikimedia Commons
	AT-21戰機	Public domain, via Wikimedia Commons
	A-10戰機	Public domain, via Wikimedia Commons
P128	快捷半導體標誌	Fairchild Semiconductor
	快捷半導體公司	en:User:Dicklyon, Copyrighted free use, via Wikimedia Commons
	紀念牌	en:User:Dicklyon, Copyrighted free use, via Wikimedia Commons

第五章	**圖照名稱**	**來源出處**
P131	Intel C4004	Thomas Nguyen, CC BY-SA 4.0, via Wikimedia Commons
P132	XB-70轟炸機	NASA, Public domain, via Wikimedia Commons
P138	廣告	Unknown; presumably the copyright, if any, was owned by Fairchild Semiconductor Corporation., Public domain, via Wikimedia Commons
P144	電路板	Roadside Guitars, CC BY-SA 2.0, via Wikimedia Commons
P145	史普尼克一號	Public domain, via Wikimedia Commons
	史普尼克一號內部圖	Музей Космонавтики from Россия , cropped, color correct, and sharpened by Kees08, CC0, via Wikimedia Commons
P157	甘迺迪	NASA, Public domain, via Wikimedia Commons
	指揮艙	NASA, Public domain, via Wikimedia Commons
	登月小艇	NASA, Public domain, via Wikimedia Commons
P159	嬉皮	Ric Manning, CC BY 3.0, via Wikimedia Commons
P162	洛克	Singhaniket255, CC BY-SA 4.0, via Wikimedia Commons
P165	英特爾創辦人	Intel Free Press, CC BY-SA 2.0, via Wikimedia Commons
	Intel C4004	Thomas Nguyen, CC BY-SA 4.0, via Wikimedia Commons
	電子計算機	Swtpc6800 Michael Holley, Public domain, via Wikimedia Commons

後記	**圖照名稱**	**來源出處**
	蕭克利半導體實驗室	Dicklyon, CC BY-SA 4.0, via Wikimedia Commons
	街道裝飾	Dicklyon, CC BY-SA 4.0, via Wikimedia Commons

參考書籍

1. Broken Genius: The Rise and Fall of William Shockley, Creator of the Electronic Age
2. William Shockley: The Will to Think
3. Intel Trinity,The: How Robert Noyce, Gordon Moore, and Andy Grove Built the World's Most Important Company
4. The Man Behind the Microchip: Robert Noyce and the Invention of Silicon Valley
5. Moore's Law: The Life of Gordon Moore, Silicon Valley's Quiet Revolutionary
6. The Microchip Revolution: A brief history
7. 創新者們：掀起數位革命的天才、怪傑和駭客

參考資料

1. How William Shockley' s Robot Dream Helped Launch Silicon Valley - IEEE Spectrum
https://spectrum.ieee.org/how-william-shockleys-robot-dream-helped-launch-silicon-valley
2. The Lost History of the Transistor - IEEE Spectrum
https://spectrum.ieee.org/the-lost-history-of-the-transistor
3. Oral History Interviews | William Shockley | American Institute of Physics
https://www.aip.org/history-programs/niels-bohr-library/oral-histories/4889
4. Walter houser Brattain. A Biographical Memoir by John Bardeen
http://www.nasonline.org/publications/biographical-memoirs/memoir-pdfs/brattain-walter-h.pdf
5. Walter Brattain, Part 1 of 3
https://www.pbs.org/transistor/album1/brattain/
6. John Bardeen and transistor physics
https://aip.scitation.org/doi/pdf/10.1063/1.1354371
7. John Bardeen - Nobel Lecture
https://www.nobelprize.org/uploads/2018/06/bardeen-lecture.pdf
8. Frederick Terman - By Ed Sharpe
https://www.smecc.org/frederick_terman_-_by_ed_sharpe.htm
9. Palo Alto History
http://www.paloaltohistory.org/stanford-research-park.php
10. Robery Noyce and Fairchild Semiconductor, 1957-1968
https://studylib.net/doc/18350516/robery-noyce-and-fairchild-semiconductor--1957-1968
11. Oral-History:Robert N. Noyce – ETHW
https://ethw.org/Oral-History:Robert_N._Noyce
12. The Accidental Entrepreneur
http://calteches.library.caltech.edu/3777/1/Moore.pdf
13. Oral-History:Gordon Earl Moore – ETHW
https://ethw.org/Oral-History:Gordon_Earl_Moore
14. Jay Last and the traitorous eight
https://spie.org/news/photonics-focus/mayjune-2021/jay-last-and-the-traitorous-eight?SSO=1

15.Oral History Interview: Jay T. Last | SEMI
https://www.semi.org/en/Oral-History-Interview-Jay-Last

16.Fairchild Semi Co-Founder Jay Last, Builder of 1st Commercial IC, Dies at 92 - EE Times Asia
https://www.eetasia.com/fairchild-semi-co-founder-jay-last-builder-of-1st-commercial-ic-dies-at-92/

17.USHMM Finding Aid
https://collections.ushmm.org/oh_findingaids/RG-50.477.0293_trs_en.pdf

18.EETimes - Grinich, one of the 'Traitorous 8,' dies at 75
https://www.eetimes.com/grinich-one-of-the-traitorous-8-dies-at-75/

19.Oral History of Julius Blank
http://archive.computerhistory.org/resources/text/Oral_History/Blank_Julius/Blank_Julius_1.oral_history.2008.102658264.pdf

20.Arthur Rock: Silicon Valley's Unmoved Mover | The Generalist
https://www.readthegeneralist.com/briefing/arthur-rock

21.The Origins of Diffused-silicon technology at Bell labs, 1954-55
https://www.electrochem.org/dl/interface/fal/fal07/fall07_p30-34.pdf

22.From Bell labs to silicon Valley: A saga of semiconductor technology transfer, 1955-61
https://www.electrochem.org/dl/interface/fal/fal07/fall07_p36-41.pdf

23.The Role Of Fairchild In Silicon Technology In The Early Days Of Silicon Valley
https://nanopdf.com/download/the-role-of-fairchild-in-silicon-technology-in-the-early-days-of_pdf

24.From Bell Labs to Silicon Valley - the Information Technology
https://www.yumpu.com/en/document/read/32284837/from-bell-labs-to-silicon-valley-the-information-technology-

25.FAIRCHILD' S OFFSPRING
https://web.archive.org/web/20130721153227/http://www.businessweek.com/pdfs/fairkid.pdf

26. 淺談電晶體
https://ee.ntu.edu.tw/upload/hischool/doc/2014.01.pdf

27. 世界上第一個固態電晶體 - 點接觸電晶體 Point Contact Transistor
https://www.youtube.com/watch?v=9-vxCZdoVGg

28. 半導體：二極體(二)動畫說明
https://www.youtube.com/watch?v=hAOOkgkA_wo

29. 半導體：電晶體(二)構造與功能
https://www.youtube.com/watch?v=oxMQOWV8xKA

30.The Inventor of Transistor
https://web.stanford.edu/dept/HPS/TimLenoir/SiliconValley99/Transistor/RiordanHoddeson_Inventtransistor.pdf

31.Bell Demonstrates Transistor – ETHW
https://ethw.org/Bell_Demonstrates_Transistor

32.Ten Years of Transistors, May 1958 Radio-Electronics - RF Café
https://www.rfcafe.com/references/radio-electronics/ten-years-transistors-may-1958-radio-electronics.htm

33. 金屬氧化半導體場效電晶體
https://physcourse.thu.edu.tw/galechu/wp-content/uploads/sites/8/2018/09/MOSFET-0924.pdf

34. 相關人物與技術名詞在 https://www.computerhistory.org/siliconengine/ 中的介紹

35. 相關人物與技術名詞在 Wikipedia 中的條目

36. 相關人物與技術名詞在 Britannica 中的條目

知識Plus

蕭克利與八叛徒

作者｜張瑞棋
繪者｜顏寧儀

責任編輯｜呂育修
封面與版式設計｜盧卡斯工作室
美術編排｜蕭雅慧
行銷企劃｜王于農、陳詩茵

天下雜誌群創辦人｜殷允芃
董事長兼執行長｜何琦瑜
兒童產品事業群
副總經理｜林彥傑
總編輯｜林欣靜
版權專員｜何晨瑋、黃微真

出版者｜親子天下股份有限公司
地址｜臺北市104建國北路一段96號4樓
電話｜（02）2509-2800　傳真｜（02）2509-2462
網址｜www.parenting.com.tw
讀者服務專線｜（02）2662-0332　週一～週五：09:00~17:30
傳真｜（02）2662-6048　客服信箱｜bill@cw.com.tw
法律顧問｜台英國際商務法律事務所・羅明通律師
製版印刷｜中原造像股份有限公司
總經銷｜大和圖書有限公司　電話：（02）8990-2588

出版日期｜2022年7月第一版第一次印行

定價｜380元
書號｜BKKKC205P
ISBN｜978-626-305-263-5（平裝）

訂購服務
親子天下Shopping｜shopping.parenting.com.tw
海外・大量訂購｜parenting@cw.com.tw
書香花園｜臺北市建國北路二段6巷11號　電話（02）2506-1635
劃撥帳號｜50331356　親子天下股份有限公司

國家圖書館出版品預行編目資料

蕭克利與八叛徒 / 張瑞棋作. -- 第一版. -- 臺北市：
親子天下股份有限公司, 2022.07
180面；14.8 x 21公分.
ISBN 978-626-305-263-5（平裝）

1.CST: 半導體工業　2.CST: 產業發展

484.51　111008853